U0278824

谨以此书献给我们的父母和身边的老人

家◎养老

居家养老住宅适老化改造

主编 林曦 姚琪 章曲
副主编 翁浩 杨熹微

中国建材工业出版社

图书在版编目(CIP)数据

家・养老：居家养老住宅适老化改造 / 林曦，姚琪，章曲主编. —北京：中国建材工业出版社，（2019.9重印）

ISBN 978-7-5160-1677-0

Ⅰ.①家… Ⅱ.①林… ②姚… ③章… Ⅲ.①老年人住宅－建筑设计 Ⅳ.①TU241.93

中国版本图书馆CIP数据核字（2016）第242658号

家・养老：居家养老住宅适老化改造

林曦　姚琪　章曲　主编

出版发行：中国建材工业出版社

地　　址：北京市海淀区三里河路1号

邮　　编：100044

经　　销：全国各地新华书店

印　　刷：北京天恒嘉业印刷有限公司

开　　本：710mm×1000mm　1/16

印　　张：9.75

字　　数：78千字

版　　次：2016年11月第1版

印　　次：2019年9月第3次

定　　价：69.00元

本社网址：www. jccbs. com　　　微信公众号：zgjcgycbs

本书如出现印装质量问题，由我社市场营销部负责调换。联系电话：(010) 88386906

缘起

两年多来，每每回到父母的家中，我总是感觉时间犹如停止一般，内心似雨后彩虹寂然澄清，无比踏实。

一向沉稳的我，从小到大习惯了有条不紊、从容随性的生活与工作。但，我能确定，即使日复一日重复如常，这踏实感如此真切，不同以往。

每周末早晨，推开大门，视线穿过垂帘和靠背木椅中间的空当，直直望向窗口，阳光懒洋洋地染在紧依窗畔的沙发上，暖了一室。父母大人坐在餐桌前，慢悠悠地呷着小米粥，时不时地抬头瞄两眼电视荧屏，还不忘催促两声一起早餐。听到催促，我忙不迭地把手机、钥匙、钱包放进鞋柜上方的白色瓷缸里，紧跟着一脚跨入厨房，随手拿起碗筷回身进屋。接着，盛粥、取馒头片、夹鸡蛋，一气呵成，坐定，视线在父母面庞与电视屏幕之间游走，聊着有一句没一句的家长里短。

早餐过后，我窝在沙发上闭目感受明媚窗景与徐徐暖风，不经意间，二老已将碗筷收拾妥当，在一伸手、一弯腰、一旋身中已然妥妥地穿戴齐整，在我的搀扶下缓缓出屋，开启一整日的阳光慢生活。

这就是我，回到父母家的模样。我终于让父母拥有了一个适合他们养老生活的家。

这是一次纠结而漫长的全面改造计划——自2012年初母亲大人出现不适状况，从康复治疗到装修理念推翻，反复思索、学习、沟通，以及过程中的不断比对、内省、磨合、重整，直至2013年中才成形。仿佛一次修行而后慧悟，成就非凡。

——是的。一直以来，我始终相信："养老，居家是归处。"当"家"能够合乎老人的起居方式、需求与愿望，养老生活便能安顿舒坦、有滋有味、自在自得。而今，历经数年的构思落地，及超过两年的入住体验，我再度确切印证了这一点。

这一切，是如何发端的呢?

回首往昔，个中故事缘起，也许应该从我和初中同学开始说起。

我，北京人，专业装修二十年，自诩为“掌柜的”并乐在其中。初中同学“曦总”，人称资深市场研究专家，在投资领域混得有声有色。2004年夏，志同道合的我们合伙创业，组建了一家装饰装修公司，曦总超强的社会活动力和我高效的执行力激发了奇妙的化学反应，我们的装修事业风生水起。而对于装修方面的繁碎琐事我也算是了然于心。

平凡的生活中，也会泛起涟漪。这一天，七点才过，我刚进家门，突接老父来电，母亲大人在家中不慎摔倒受伤，手臂骨折，立时急送医院，所幸并无大碍。在治疗和康复过程中，我和母亲的主治医“翁老”日渐熟络，我钦佩这位康复从业者的博学和处事泰然，时不时地向他讨教康复医疗的专业知识。在他的诊治指导下，母亲的身体恢复正常。

回家后，我却整日心慌慌，忧心于父母在家可能出现的种种不适。我一边咨询“翁老”如何在家做康复，一边夜以继日地翻阅养老和无障碍设计书籍，还一边构思适合父母生活的改造方案。在此期间，曦总推荐了他的一位挚友——养老专家“杨桑”，他久居日本，熟谙适老化改造设计之种种，我们一起反反复复左右比较思量了好久，终于一点一滴勾勒出了一个美观、环保，最关键的是，更适合父母养老的家。

之后，两年多时间尽情享受彻头彻尾的踏实感，亲身眼见父母含饴弄孙、品茗细酌、悠然自得的居家情怀。我顿然惊觉，只要格局上、设施中一点微小的改变，生活的形貌与节奏便天差地别，而这是很多人包括我之前所没有意识到的。几经考量，我成立了第一家专业从事住宅适老化改造的企业，从中一步步构建我对设计、对改造、对养老以及对生活的认知、观点、立场与信仰，并将自此收获的经验一一投注于老年人的日常生活中，年年岁岁月月日日不断实践、淬炼、融会贯通，终成此书，希望能有更多的老人如我父母一般获益于适老化改造。

姚琪

2016年9月

心灵碰撞的火花

乙未仲夏，岁至不惑的几老友，欢聚之余偶聊及人生。深感岁月如梭，各自匆忙间已在装修改造、康复医疗领域苦耕二十载，虽不可自称专家，但也算各自专业领域的资深人士。聊其工作侃侃而谈，谈其年迈的父母，却话语寥寥，感慨万千。叹岁月蹉跎，叹感恩之情。“老吾老，以及人之老”，每一个人都会进入秋日暮年，面对看似悄然而至却来势滂沱的银发浪潮，我们恍然自省，可否通过自己的技能和经验让那些为我们操劳一辈子的老人都能在家养老，在家安度晚年。

故土难离，老家难舍，那些见证了他们半辈子生活的老房子，承载了太多美好的回忆。

有熟悉的环境，相互照应的街坊，便捷的交通……改老房换新颜，住宅适老化改造之事迫在眉睫。众友反复寻证，秉灯奋书，聚多人之智，为其骨壮肉丰，不惜赤面相争，终著一书——《家·养老》。

繁琐之文字令人乏味，寥寥之话语又不能尽言。想让一本专业书做到深入浅出，信手翻阅却开卷有益，谈何容易。我和几位笔者尽量用轻松的语气扼要阐述，字里行间隐含着精确的国标数据、医学评估、技术规范和行业标准。殚精竭虑地让那些想在家安度晚年的老人们，明明白白地装修，高高兴兴地入住，圆圆美美地养老。此愿如达，全体笔者将无限欣慰。

翁浩

2016年9月

养老处处需“走心”

留学二十四载，我收获最大的是发自内心的服务意识的养成。希望贯穿本书的服务意识，能够给读者带来启发和改变。

文中众好友智慧纷呈，针对已有房屋的“适老化改造”，就堪比人生路口的转弯，可以改变事物运行的轨迹。针对自己或家人老后的生活起居，甚至是不同程度的护理，未雨绸缪意识先行、通过专家进行专业筹划、再通过专业团队来逐一落实——“知行合一”让居家养老很简单。

我本来是从事儿童环境研究的，尤其针对儿童的游戏环境有多年的理论和实践研究基础，研究发现：孩子们最喜欢的环境，多是由“趣味性”的多少决定，同时也具备人为或者自然天成的安全、舒适条件。这些孩子们的原始诉求竟和本书“居家养老”的核心理念完全契合。

早在2005年，我就曾经和清华大学美术学院环境艺术设计系郑曙阳教授探讨过“儿童加老人”的主题研究。预测中国会迎来“有趣有料”儿童市场和养老市场的井喷，现在迹象明显，无论是官方还是民间，两种话题愈演愈烈。“儿童加老人”的跨界融合，必将迎来历史机遇：物理层面，老人和儿童可以互相看护照顾；精神层面，老人们的阅历经验和知识文化可以毫无保留的地传递给孩子们，满足孩子们的“好奇心”和“求知欲”，同时孩子们的童真和活泼会感染老人们，无形中满足老人们最大的“去孤独化”诉求。在具体项目中，创造或改善不同层级、规模的儿童老人共生环境并提供精准服务，必将会给扑面而来的婴儿潮和养老刚需带来“独门解药”。

从业近二十年来针对近六十多个具体建筑项目的深入，还让我掌握了更加专业的管理技巧，通过协调各方资源全面达标！中国的养老产业是朝阳产业，是蓝海市场，会促使各行业跨界整合，而按照“9064”的概念，“居家养老”将是重要的起始端和绝大的市场占有率。

本书开卷言宗：“客户至上、诚信为本”，养老需要“走心”！我和伙伴们愿意从小我做起，依靠各类专业技术经验，用心成为一系列“适老化改造”的“细节梦想改造家”！和我们所服务的客户、所携手的外部团队一起分享资源，共创明天！

杨熹微

2016年9月

我们的时代

作为一名七零后，我的成长，恰好伴随着中国社会由激荡转入正轨、然后迅猛发展、乃至飞奔至今的过程。我们用四十年，体验到了西方社会用四百年走过的历史进程，我们幸运地亲身经历并且参与这让人眼花缭乱的一切。幸运，且满足。

因为长期关注市场和研究市场，于专业投资领域中，自己有着一定的判断，所以在新经济扑面而来之时，无论是将近二十年前的互联网大潮，还是今天方兴未艾的物联网时代，我和我的团队可以骄傲地说，我们没有让支持者失望，我们携手并肩行走在成功的道路上。

时至今日，投资创业已经成为最炙手可热的

话题，整个时代都在寻找挖掘着一切可能存在的机会。但是当狂热成为主流声音的时候，我认为恰恰应该更需要理智、冷静的判断：这个时代里，与我们每一个人的自身利益、价值乃至生命都休戚相关的，到底是什么？这个时代真正需要的是什么？我们能为这个时代做什么？

你可以称之为这是一种责任感，但我更倾向于理解成：一个专业市场投资人士的新目标。这个目标就是：对人的切实关注。

具体而言，即对老年人群的整体社会关注。因为无论你、我，还是我们的家人和朋友，都终将或正在老去，对生命的关爱，其实是我们对这个社会最深的敬畏与致意。

古代的圣贤早已留下“老吾老，以及人之老”的箴言，那么，当下科学的洪荒之力，可以用无比的能量推动前贤的理想得以实现，这正是上天给我们最好的礼物！

如何让老人的晚年生活安全、舒适、有尊严，并将之与全社会资源有效链接，是我和我的团队此刻关注的重点。我确信，这也是时代为之共鸣的经济热点和道德热点。“为在家养老插上一双互联网的翅膀”，一个很有使命感的话题，不是么?

希望对我们身边的每个人而言，这都是一个最美好的时代，我们都是幸运者，无论是参与者，还是受益者，就像我们幸运地被赋予了生命一样。

这就是我们的时代!

2016年9月

目录

1

养老就在你我身边

“找点空闲，找点时间，领着孩子，常回家看看；带上笑容，带上祝福，陪同爱人，常回家看看……”一首《常回家看看》唱出了多少身为儿女的心声。儿女回家陪父母吃吃饭、聊聊天，也成为老人们心底的期盼。但每日独自面对生活的琐碎却是他们的常态，给老人们一个适合养老的家，当儿女不在身边的时候，老人们可以更从容地面对生活。多一点关怀，少一点遗憾。

老龄化社会状况

我国是世界上老年人口最多的国家。人口老龄化与经济社会转型相叠加，已经成为我国改革发展中不容忽视的全局性问题。

据民政部2016年7月11日公布的《2015年社会服务发展统计公报》显示，截至2015年末，我国60岁以上老年人口规模达到2.22亿人，占总人口的16.1%，

孤独的老龄群

其中65岁以上老年人口规模达到1.44亿人，占总人口的10.5%。有关预测显示，2020年中国60岁及以上老年人口总量将达到2.43亿，在总人口中所占比重达到16.33%，2030年这一数量将达到3.46亿，在总人口中所占比重增至22.97%。老龄化的迅速发展和庞大规模的老年人口的出现，使我国成为世界上人口老龄化程度较高、老年人口数量最多、应对老龄化任务最重的国家。

我国人口老龄化发展趋势

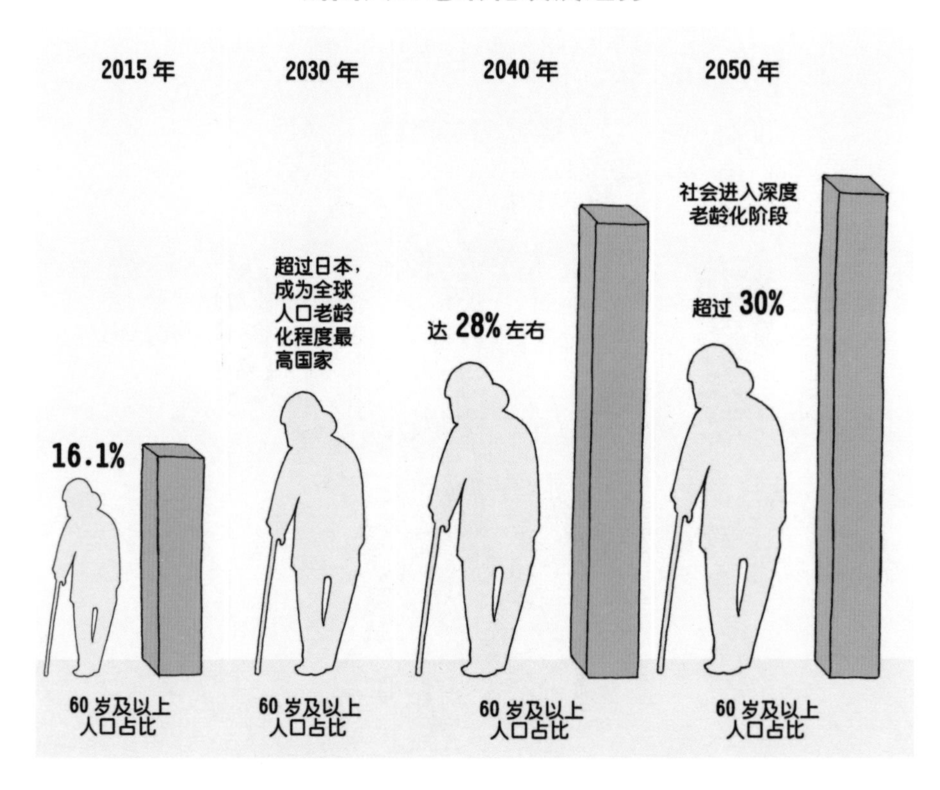

相较全国，北京市进入老龄化的时间更早，1990年，北京市60岁及以上的常住老年人口达到

110万，占总常住人口的10%，标志着北京市进入了老龄化社会，其后，北京市的人口老龄化发展速度不断加快，并呈现老年人口基数大、增长快、高龄化、空巢化等特征。北京全市常住老年人口340.5万，占常住人口总数的15.7%。平均每天净增500余名60岁以上老年人，净增120余名80岁以上高龄老年人。城六区占全市老年人口的三分之二，老年人口比例为24.7%。从2015年开始，出生于20世纪80年代初年龄在25岁以上的独生子女的父母将相继进入60岁，独生子女父母队伍的壮大，无疑会让“空巢”老人家庭比例进一步增大……从老年人口结构比例上看，北京真的要成为“老北京”了。

社会老龄化已经悄然来到我们身边

毫无疑问，社会结构的深层次变化形成的张力对社会传统生活方式以及相应的社会服务方式产生了很大的冲击。人口老龄化的规模巨大、发展超前于"现代化"、未富先老、地区发展不平衡、城乡倒置显著、高龄老人比重增加、"空巢家庭"增多、老年人生活自理能力欠缺、身体状况欠佳、老年孤独感增强，这些相关因素决定了我国社会对老年保障服务的需求必然会越来越多，这一切也预示着巨大的社会压力和产业缺口。

Q：多大年纪才可称之为老人？

：按照国际规定，65周岁以上的人确定为老年人；在中国，60周岁以上的公民为老年人。

Q：什么是老龄化社会？

：按照国际常用标准，一国总人口中60岁及以上人口所占比重达到10%，或者65岁及以上人口所占比重达到7%，就意味着该国进入人口老龄化社会，按照这一标准，中国于2000年进入了老龄化社会。

养老服务现状

目前，我国养老服务产业仍处于初期发展阶段，在相应的养老基础服务设施、对应的制度建设、养老服务产品和从业人员方面存在供给不足。具体表现在以下三个方面：

第一，养老机构和配套设施不足。据2015年7月16日中国老龄科学研究中心发布的《中国养老机构发展研究报告》显示，截至2014年底，全国共有各类养老服务床位551.4万张，每千名老年人仅拥有养老床位26张，且存在地区分配不均匀的问题，而发达国家每千名老年人拥有养老床位50～70张左右。

Q：什么是养老服务？

：养老服务是指为老年人提供必要的生活服务，满足其物质生活和精神生活的基本需求。

Q：什么是养老院？

：养老院是为老年人提供养老服务的社会福利事业组织。

第二，养老机构的医养配置比例较低。仅有54.7%的养老机构有医疗设施，46.6%的养老机构有康复设施，将近一半的养老机构不具备医疗和康复设施，这直接造成部分养老机构床位空置，而另一些需要医疗护理的失能老人有需求却无法入住。

养老院人满为患

第三，社区养老服务设施不健全。民政部发布的《2015年社会服务发展统计公报》显示，截至2015年底，全国共有社会服务机构和设施176.5万个，比上年增长5.8%。尽管如此，我国现阶段的社区养老仍无法全面覆盖医疗护理、生活照料、饮食安排、娱乐活动等诸多方面，无法在更大程度上满足老人的精神需求。

部分养老机构不尽人意

以北京为例。北京市社会养老服务具有以下现状：

第一，养老机构床位数量严重不足。

第二，养老机构收住对象多半是健康老年人。

第三，社会养老服务设施类型不成体系。

第四，社会养老服务设施缺乏统一布点规划，规模偏大，覆盖密度小。

养老院一位难求

第五，社会养老设施城乡供需不平衡，城八区供不应求，周边区县空置率高。据北京市民政局2015年3月27日印发的《北京市养老照料中心建设三年行动计划》显示，占全市户籍老年人口67.7%的城八区仅拥有全市床位总数的46%，每百名老人拥有床位数2.9张，与全市每百名老人拥有3.8张床位存在较大差距。

第六，社会养老服务机构经营性质不平衡，公立养老院供不应求，民办养老院入住率低，高端老年公寓入住率不高。

第七，政府在老龄事业发展上可谓不遗余力，出台了很多政策，但由于执行不到位，始终无法破解供需时空错配的困局。

总的来说，现有养老服务设施与庞大的养老服务需求相比存在明显的不足。一组组动态攀升的数字，足以引人深思：当我们慢慢老去，该怎么养老？

居家养老，大势所趋

居家养老符合我国国情，为此国家在政策层面，提倡以居家养老为基础、社区支持和机构补充，明确要求重点发展居家养老服务。

老人在，家就在

2000年国务院发布《关于社会福利社会化》意见，首次提出在供养方式上坚持以“居家为基础、社区为依托、社会福利机构养老为补充的发展方向”，确定了我国养老服务体系基调。

2008年12月，北京市民政局等五部门联合下发了《关于加快养老服务机构发展的意见》，首次提出“9064”养老模式，即“到2020年，90%的老年人在社会化服务协助下通过家庭照顾养老，6%的老年人通过政府购买社区照顾服务养老，4%的老年人入住养老服务机构集中养老”。

2015年1月29日，北京市第十四届人民代表大会第三次会议审议通过了《北京市居家养老服务条例》，并于同年5月1日实施。

Q：什么是“9064”？

：“9064”是北京市提出的养老模式，到2020年，90%的老年人通过居家养老，6%通过政府购买社区服务照顾养老，4%的老年人通过养老机构养老。

2016年1月22日，北京市政府所做的《政府工作报告》中，提出优先发展居家养老服务的具体目标，并在北京市“十三五”规划中进一步明确了未来五年“居家养老是养老服务的重点”。

养老服务体系构建中将居家养老服务确定为基础，不仅源于我国经济社会发展的宏观背景，也取决于我国社会的微观现实。老年人的意愿选择，是构建养老服务体系时考虑的重要因素。根据社会民意调研结果显示，多数老年人愿意选择在家养老。尽管北京是全国的政治文化中心，居民观念开放度较高（注：北京市老年人入住意愿问卷调查显示，有56%的老年人表示可以考虑在迫不得已的情况下入住条件好的老年公寓），但“养儿防老”、“阖家团圆”自古就是中华民族的主流文化，养老观念基本上是“反哺”型养老，即父母把子女养大成人，年老时主要依靠子女养老送终，这就导致大多数老年人不愿脱离家庭来考虑养老问题。“居家养老”模式因养老的场所仍然是家庭，所以符合长期以来根深蒂固的传统家庭观念，又尊重老年人在家庭中形成的生活习惯，为更多的老年人和家庭所接受。

受传统文化影响以及考虑人口年龄结构相对稳定的因素，居家养老仍然是养老的主要方式，是大势所趋。与此同时，随着越来越多的年轻人因求学、就业等因素进入大城市或者走出国门，“空巢”家庭大量增加。同时，独生子女家庭已然形成了“4-2-1”的结构常态，即一对中青年夫妇需要照顾双方父母，同时还需要抚养后代，虽然老人和子女希望相互照顾，但迫于生活负担和人情世故，同在一个屋檐下较好地照护每一位老人是极不现实的，这是未来必须面对的客观事实。显然，传统的居家养老照料模式正逐步瓦解。然而，家庭有意愿让老人在自己家生活，并不等于解决了老人的养老问题，居家养老适老化程度低是最大的障碍。对于子女而言，让老人的生活环境适老化，让老人在自己家舒适地养老，却是子女理应付出的力所能及且迫在眉睫的关爱。

"9064"养老模式

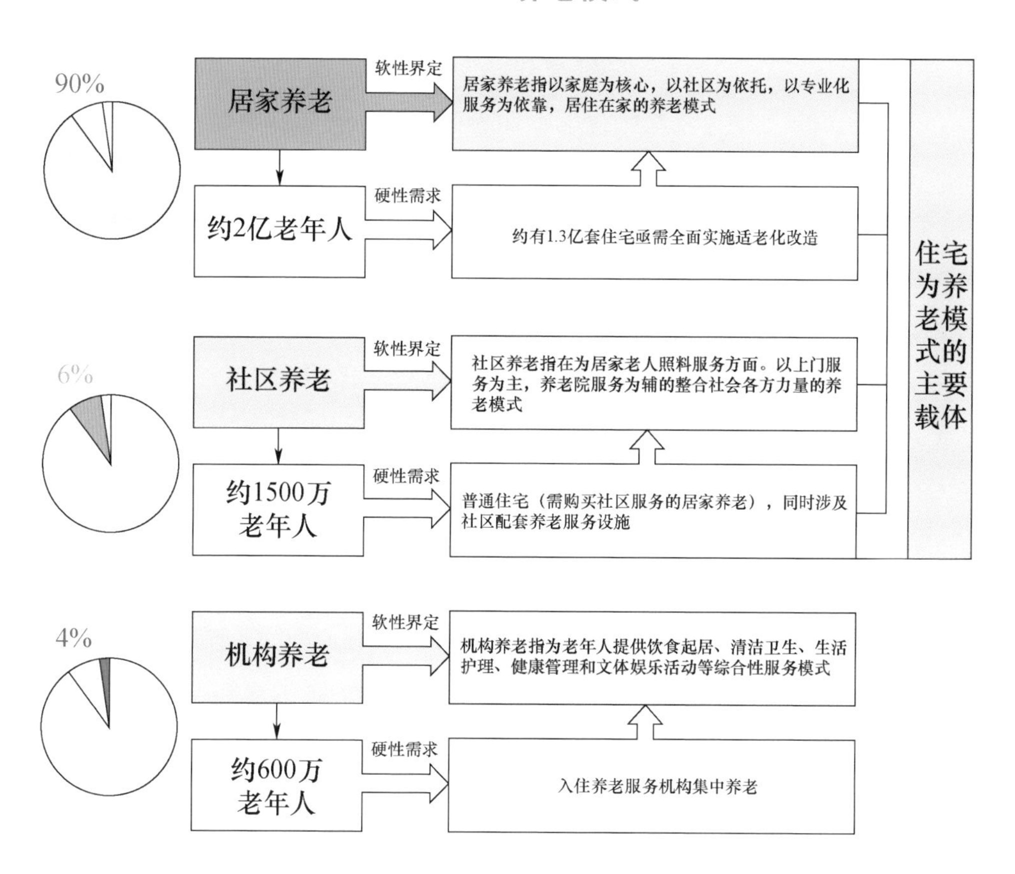

目前我国正处于少儿人口下降、老年人口缓慢上升、抚养比最低的深度“人口红利”时期，“十三五”末则是我国人口老龄化由快速发展向加速发展的重要转折点。养老设施匮乏，养老服务紧缺，家庭担不起、政府包不起、企业赔不起，既不能由政府包办，也不能完全推向市场，需要家庭、企业、社会和政府等主体共同参与，形成合力，共同破解养老供需时空错配的困局。

2

适老化改造
需求无处不在

叶落归根，人到老年，大都向往能在家安度晚年。与其他年龄段的人群不同，老龄群体大部分时间往往都会在家中度过。但随着生理机能逐渐衰退，对于很多生活琐事已然力不从心，对老年人而言，“居家”是否真正便于日常的生活就显得至关重要。如果在选择住宅时没有全面关注老龄期的特殊需要，尤其是年代久远的老旧住宅，户型设计、设施配置、隐蔽工程难免存在很多问题，这都会给老年生活增添诸多烦恼。环境、居所、产品、设计、服务等适老化是适应老年生活的解决方案，不经过适老化改造的居家养老已无法适应老年人的生活。适老化改造需求无处不在。

老龄群体的生活特征

人步入老年后，生理功能退化，代谢减慢，各器官随年龄和体内自由基伤害的增加而衰退，免疫功能下降，对外界和体内环境改变的适应能力减低，体力下降，普遍呈现以下几方面的生理特征：

第一，机体协调性差、步态不稳、脚力不足、反应迟钝。老年人随着机体老化，思维、反应相对迟钝，来不及反应就摔倒了。

第二，视力、听力下降。大部分老年人的视力远近调节能力降低、黑暗适应力低下、颜色识别能力降低、易感觉眩光，容易出现视物模糊，影响他们对周围环境的判断。很多老年人还会出现进行性听力减弱，以至于他们听不到周围的危险信号，容易因躲避不及而受伤。

Q：什么是适老化？

：简单来说，适老化就是适应老年生活的解决方案，包括环境、居所、设计、产品、服务等。

第三，退行性骨关节病发病率高。退行性变化多发于承重的关节和多活动的关节，如膝关节，使人行动不便，活动性差，再加上身体平衡能力差，摔倒的几率也随之增加。

第四，慢性病的发病率高。糖尿病、高血压、心脏病、颈椎病等各种慢性病会导致老年人体力下降，容易因脑缺血引起头晕、乏力等症状。

面对日渐衰老的客观事实，以及受居住环境、家庭环境、人际关系等因素的影响，不少老年人有着不同程度的心理困扰，表现出失眠、孤独、失落、自卑等心理变化，在日常生活中呈现以下几方面的习惯特征：

第一，活动范围小并集中。大部分老年人喜欢在家的附近晒太阳、唠家常、下棋、听广播等，通常是在有限的熟悉的范围内活动来满足日常生活需要。如果离开生活了大半辈子的家，重新适应陌生的环境，老人的无助感与失落感倍增。

第二，喜欢养花草或宠物。花草创造的绿色景观可以缓解老年人的抑郁心理，让老年人感觉有事可做，并让老年人获得成就感。宠物往往会成为老年人的生活伙伴，让老年人找到“被需要”的感觉。如果没有适宜养花草的场所，且养宠物受到限制，老人整天无所事事，孤独感悄然而至。

老有所乐

第三，喜欢自然通风，不喜欢使用空调，不喜欢面对窗户睡觉。老年人身体较弱，免疫力和抵抗力跟年轻人相比较差，不适应温度变化。如果老年人的住所没有良好的天然采光，不能组织舒适的自然通风，将对老人身体健康造成最直接的影响。

第四，喜欢简单形式的物品，不喜欢过于复杂的东西。如果老年人的家用器具操作复杂、不便识别，常用物品摆放位置太过条理化，需要经过思考而不是随手可得，那对于老人来说，何尝不是日复一日地考验他的智商和记忆力，而导致的结果必然是自卑。

第五，喜欢钉挂东西，喜欢在床边放置写字台，喜欢折叠桌椅或叠摞凳，喜欢收到礼品，不喜欢改变家具位置，不喜欢做幅度太大的动作，不喜欢站或蹲着换鞋，不喜欢太麻烦的清扫，不喜欢睡席梦思床垫，夫妇俩不喜欢同床甚至同屋休息。如果空间安排不合理，家具选择不适宜，老人极易因为生活琐事而失眠、伤神。

悠闲自得的每一天

第六，喜欢储藏东西，不喜欢扔掉不用的东西。很多老年人都喜欢储藏东西，即便是用不到的东西。自己淘汰不用的东西甚至是儿女淘汰的东西，老年人都舍不得扔掉而堆放在自己家中。如果没有适宜储藏的空间，或者遇到人为的干扰，老人因此而喋喋不休，导致家庭矛盾，家庭成员各执己见、你争我吵，居家环境因此不和谐。

“膨胀”起来的家

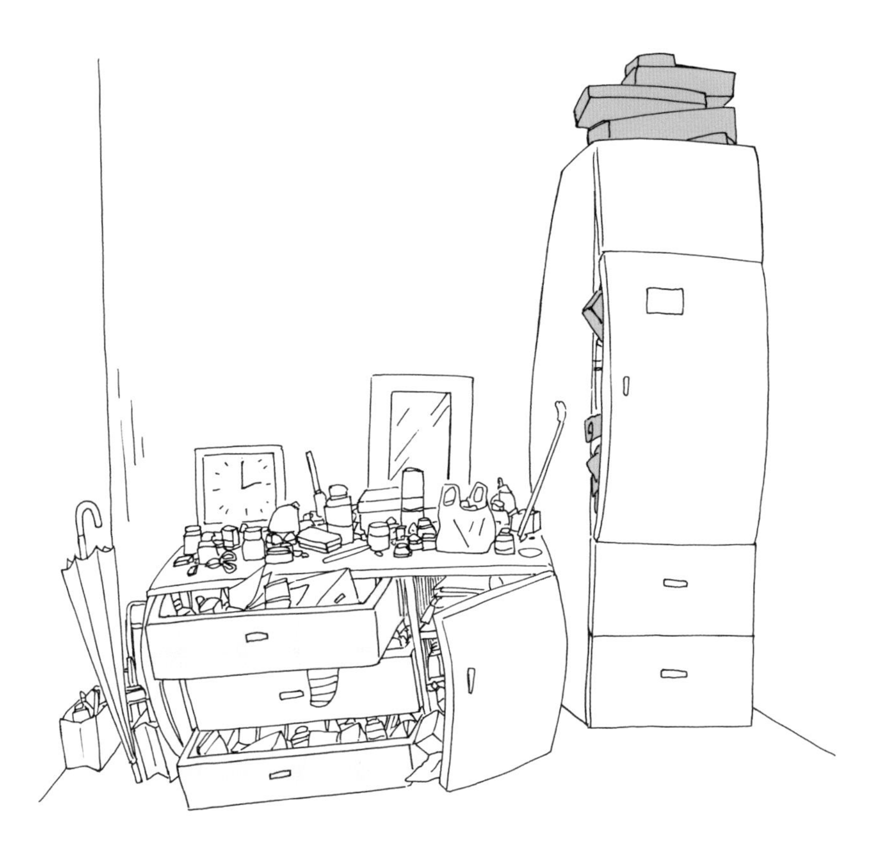

既有住宅的养老问题

自我国实行全面住房制度改革至今十几年的时间，我国房地产开发住宅竣工面积呈直线上升趋势，庞大的工程建设量是我国建设历史中任何一个时期都不可企及的。然而高速的开发模式却没有带来高适应性的住宅，适老化设计程度低，住宅的性能严重落后于时代发展，无法长期满足日渐年老者的居住需求，给老年人的生活造成极大的困扰。

人老，家难回

福利分房时代建造的住宅普遍比较老旧，多为砖混结构，走道和门洞口较为狭窄，墙体无法拆改，后期很难进行无障碍改造；还有绝大多数住宅没有配备电梯，一些高龄及体弱老人上下五六层楼十分困难。住房制度改革实施后建造的住宅相对较新，但由于缺乏统筹的规划设计，缺乏整体性和连续性的养老体系建设，缺乏规范的适老化设计技术要点，这类住宅同样存在适老化形式单一、有效措施不足等问题。

根据调研，北京市老式既有住宅楼主要有一梯两户、一梯三户、一梯多户、外廊式和内廊式共五种类型。

第一，一梯两户是北京市最常见的住宅板楼类型。优点是户型平面规整，南北通透，保证了南向采光及南北通风，户间干扰较少。一梯两户是五种住房中最适宜老年人居住的。但是三四层以上的户型对于老年人爬楼来说有一定的障碍。

第二，一梯三户及一梯多户是在一梯两户的基础上发展起来的。因为一梯两户的板式住宅楼横向长度较长，为了节约用地，在等量面积里安置更多的住户，就采用了一梯三户甚至一梯多户的住宅楼设计方案。这些户型存在不可避免的缺陷，即无法保证所有户型朝南，北向户型的采光及通风性能较差，户型内部功能空间分区不清楚，客厅因四周开门较多蜕变成过厅，不利于布置家具。

一梯两户

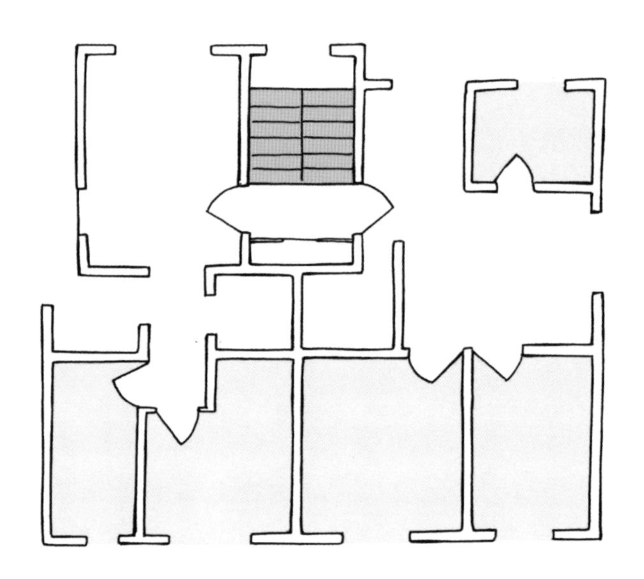

一梯三户

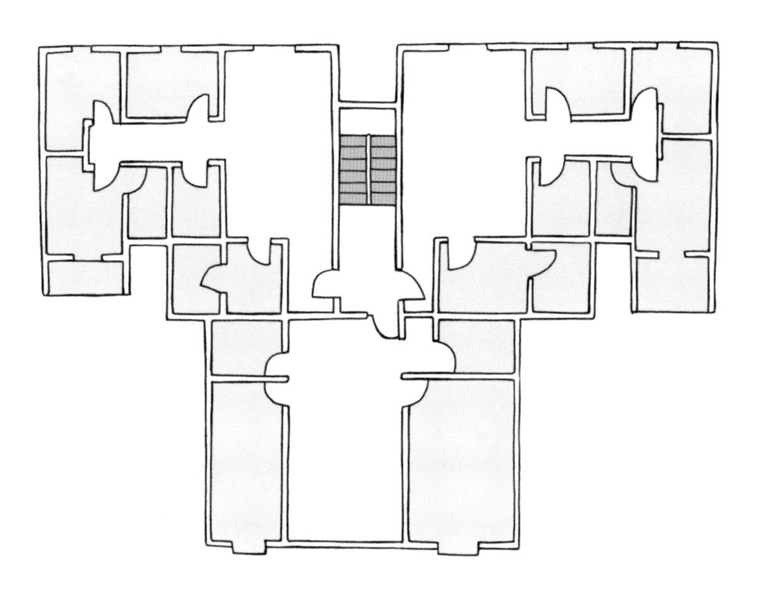

一梯多户

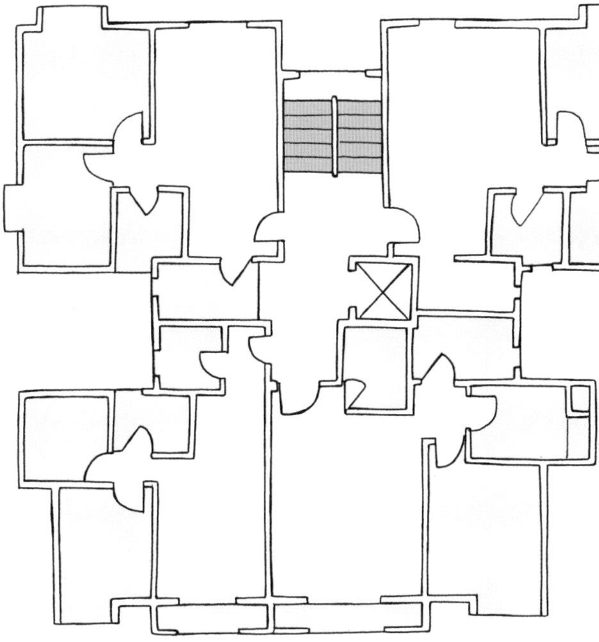

第三，外廊式住宅是北京市20世纪80年代的一种典型住宅类型。外廊式在多层或高层的板式住宅中普遍采用，这类住宅的特点是在各户型外面的一侧设有共用走廊，走廊一端通向楼梯和电梯。此类住宅中多采用长条玻璃窗的形式围合而成封闭式外廊。外廊式住宅的优点是每个户型均可获得较好的朝向，采光通风较好；缺点是每家户门都对着公共走廊，容易造成相互干扰。

外廊式住宅

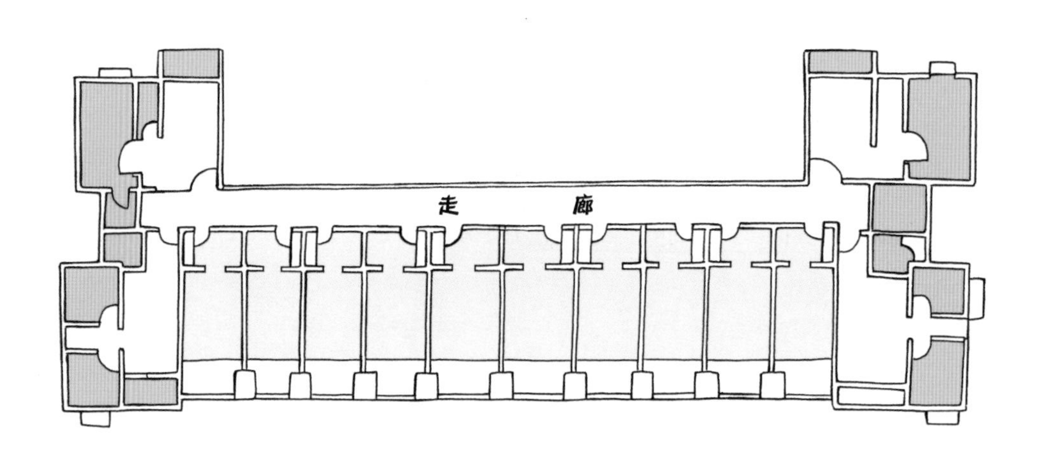

第四，与外廊式住宅相反，内廊式住宅是在中间布置走廊，两侧布置住房户型，各户毗邻排列。内廊式住宅的优点是节约用地、成本较低；缺点是由于两排户型并列相对，各户只有一个朝向，无法开门开窗组织穿堂风，采光和通风都较差，内设走廊缺乏自然采光，严重影响了老年人在走廊通行的安全性及舒适性。

内廊式住宅

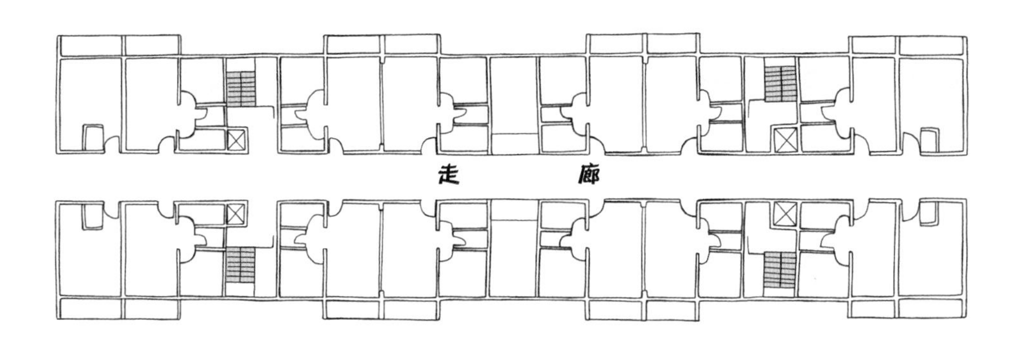

通过总结老龄群体的生活特征，考量住宅的现实状况，既有住宅养老的缺陷一览无遗。适老化设计、适老化环境对居家养老生活的方方面面起着至关重要的积极作用：通过适老化改造，降低老人居住中发生各类意外事故的几率，以保障老年人居住安全；通过适老化设计措施，帮助老人自理完成多数生活行为，减少对子女及社区照护的依赖；通过装设适老化信息产品以有效联络外界力量，使老人在家中就享受到各类社会服务，在出现突发病情等紧急情况下也可以及时得到外界的救助。

可以说，住宅适老化改造势在必行。

3

适老化改造 处处有玄机

“少小离家老大回，乡音无改鬓毛衰。”故土难离，老家难舍。家是人生的驿站，是生活的乐园；家是竹篱茅舍，是高屋华堂。老年人的家最需要的是适合养老，如果在改造住宅的时候，缺乏针对老年住宅设计的专业指导，则很容易犯一些错误，给老年生活带来意想不到的困难。

老龄群体的需求分析

适老化改造的第一步也是最具权重的要求是：从老年人的生活特征与实际需求出发，参照医学评价标准对老人进行全面系统的评估。马斯洛需求层次理论适用于适老化改造的研究和设计，适老化改造应该从生理、安全、社交、尊重和自我实现等五个方面满足老年人的需求。

Q：什么是适老化改造？

：顾名思义，适老化改造是指适合老年人居住的房屋升级改造。具体来说，适老化改造是指参照医学评价标准对老人进行全面系统的状态评估，并参考房屋的评估结果，对老人居住的房屋进行适度的升级改造。其理念涵盖无障碍设计、安全保护、监护控制、护理设施等方面，以期在原有住宅的基础上，达到人与房的完美结合。

第一，老龄群体的生理需求。生理需求是人的最基本需求，对老年人来说也是如此，包括对饮食、盥洗、空气、环境等多方面的需求。一般来说，人步入老年以后，身体体质和机能下降，容易生病，对生活环境的质量有更高要求。如果没有对老人的身体状况做针对性地考虑，只是按照一般性原则设计室内动线、采光和通风，随意选购坐便器、洗面盆、淋浴器等家居产品，盲目设置扶手、助力抓杆、防撞护角，那老年人的基本生活条件和日常生活舒适度必然大打折扣。

安详的家

第二，老龄群体的安全需求。老年人对于安全有更加迫切的需求，老年人的安全需求包括人身安全、健康保障、居所安全、家庭安全和财产安全等。如果没有对老人的居所安全做特殊处理，比如室内地面高差对老年人安全通行的障碍，地面铺装材料不防滑、色彩杂乱对人身安全的影响，在水电改造期没有预埋监控、报警、呼叫系统管线对家庭安全的隐患，这些都将给老年人的健康生活增添困扰。

提笼架鸟的悠哉生活

第三，老龄群体的社交需求。人是具有社会性的，对于老年人来说尤其如此。老年人退休以后，社会交往变少，对亲情和友情有强烈的需求，更加需要得到来自家人、朋友以及社会的关心、关爱和帮助。如果没有获取专业的住宅适老化改造建议，致使老年人不能在自己家养老，不能在自己熟悉的邻里交往和生活环境中安度晚年，那必将成为无法弥补的遗憾。

老有所为

第四，老龄群体的尊重需求。尊重需求包括自尊、自重和来自他人的敬重。老年人是社会的宝贵财富，为社会做出了巨大的贡献，应该得到全社会的尊重。尊重能使老年人对自己、对家庭、对生活充满信心，对社会满腔热情，愿意继续为社会做贡献。同时也应该看到老年人自尊心强，可能会排斥对老年人的某些特殊要求。如果在没有充分尊重老年人及其实际情况的前提下，仅凭着“一片孝心”，简单粗暴地把家里的原有设施全都换新，那就等同于在老人的心底落下埋怨的种子。

第五，老龄群体的自我实现需求。自我实现是人的最高层次的需求，如果老年人不能在熟悉的环境里发挥自己的潜力，做一些力所能及的事情，即便老年人的物质生活得到了全面的保障，也无法在精神世界得到满足，无法真正实现老有所学、老有所为、老有所乐。

传统装修住宅的养老问题

通过分析老龄群体的生活特征和层次需求不难发现，不仅既有住宅存在不适应养老的问题，按照传统方式装修的住宅同样也很难适合老年人生活。一方面由于传统装修住宅是按常规标准实施的装修，装修对象多为普通中青年群体，无法充分体会和考虑老年人的特殊需要，甚至为追求标新立异的设计感，忽视了老年人居所的活动障碍和潜在危险；另一方面由于传统装修住宅没有经过专业的老人身体评估和房屋现状测评，无法实现有针对性的适应老年生活的解决方案，造成装修资源的极大浪费，甚至给老年人的居家养老生活造成隐患。

以下是从适老化的角度对传统装修住宅室内空间进行现状解读及典型问题分析，包括起居空间、厨房空间、卫浴空间及阳台。

第一，起居空间。传统装修住宅习惯将起居空间作为核心单元，空间布局较大，且重点粉饰；也有一些起居空间处于住宅中心位置，却没有自然采光。这类设计对于中青年群体来说，并没有太大的问题，但作为老年人的养老居所，却不合适。首先，老年人的家庭规模不同，所需要的起居空间面积也不同，空间布局应该合适。对于“两代居”“三代居”或“多代居”的家庭，老年人将与子女、孙子女的团聚视为晚年的最大乐趣之一，起居空间作为家庭生活的中心单元，设计较大的空间面积具有重要的意义；而“空巢”或“孤寡”的家庭中，老年人与亲人团聚的机会较少，平时只有老年人活动，起居室空间面积过大会显得空旷，反而给老年人平添孤寂感。其次，很多老年人白天大部分时间的活动都在起居空间进行，没有充分的阳光与自然通风，则直接影响其使用的舒适度。

孤独的“空巢”老人

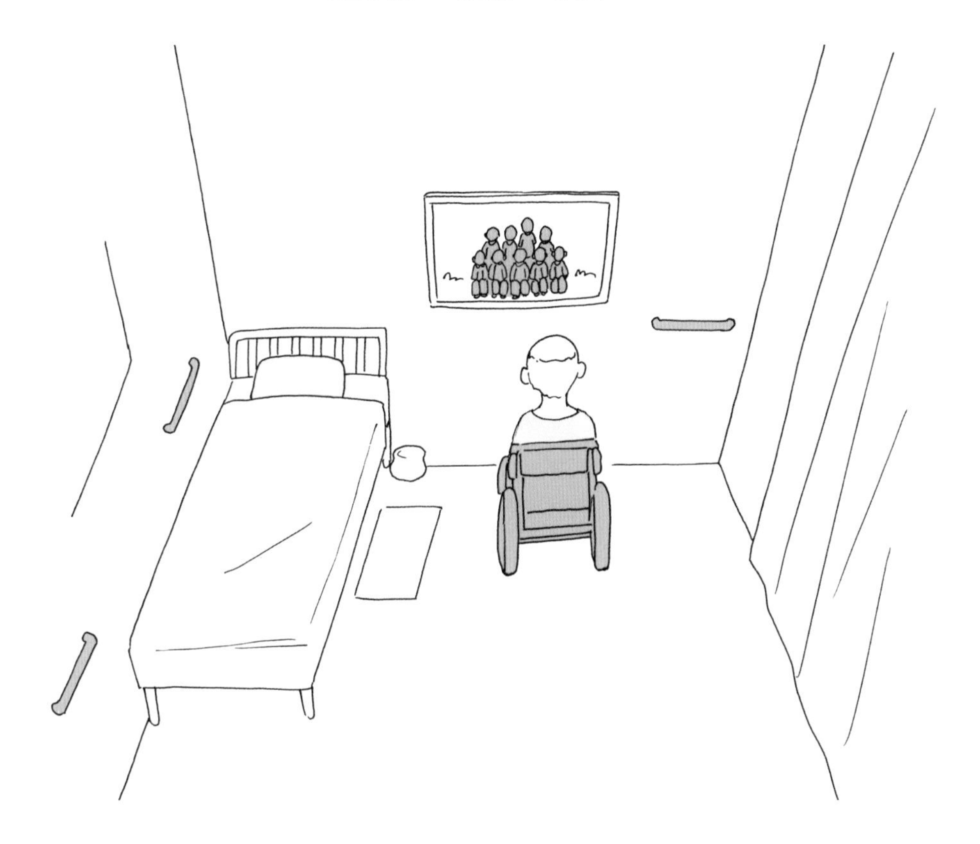

第二，厨房空间。相对于年轻人，老年人时间充裕但行动较迟缓，因此老年人在厨房中进行烹饪活动时停留时间较长，许多老年人以买菜做饭作为其家庭生活的主要内容，甚至说：“退休后就是围着锅台转”。在传统装修住宅中，厨房的配套设施仍存在这样或那样的问题：首先，厨房的空间面积偏小，根据《老年人居住建筑设计标准》（GB/T 50340—2003）第4.10.1条规定：“老年人使用的厨房面积不应小于$4.5m^2$”；其次，厨房与相邻空间的地面有高差，老年人容易发生磕碰；再者，厨房的操作台不适合老年人的使用需求，如高度不合适，没有连续的台面，没有为老年轮椅使用者在操作台下预留方便轮椅接近的容膝空间等；再有，橱柜的高度和进深不适合老年人使用，如普通尺寸地柜的开门形式及进深尺寸过大，老年人弯腰取物困难，吊柜高度往往过高，也不便从中拿取物品；另外，缺乏必要的安全设备，如燃气报警器或自动断火装置。

处处不适的厨房

第三，卫浴空间。卫生间是老年人进行便溺、洗浴、盥洗的空间，对于老年人来说，卫生间的重要性不亚于卧室。但大多数的传统装修住宅并没有特殊考虑失能、半失能老年人的辅助需求，仅按照常规标准进行设计施工，也没有特殊考虑卫生间与卧室的动线及距离对于老年人起夜活动的影响；卫生间与相邻空间的地面有高差、没有合适的空间或柜子摆放各种洗漱用品、洁具周边没有加装安全扶手的预留位置、没有安装紧急呼叫装置的预埋管线和开关等。

危机四伏的卫生间

第四，阳台。阳台具有晾晒衣物、存放物品等功能，阳台的进深不够大，阳台与室内空间有高差，晾衣杆设置位置较高，都不便于老年人使用。

隐患重重的阳台

以上是居家养老在传统装修住宅中存在的诸多问题，有些是前期建筑设计的遗留问题，也有些是后期住宅装修过程中，因缺乏适老化改造的专业指导，而产生的新增问题。殊不知，对于老年人来说，住宅装修最重要的不是豪华与美观，而是安全、方便和舒适。

改造后的家

综上，显而易见，传统装修住宅无法真正满足老年人的居家养老需求。适老化改造与传统装修有很大区别，适老化改造是专门针对老龄群体的理论指导和实践经验相结合的专业研究成果。适老化改造方案完全是根据老人的身体状况和住宅的现状量身定制，是适度的升级改造，需遵照国家的规范要求制定，同时借鉴国际先进的改造经验，整个改造过程所使用的材料也须符合国家相关标准，符合老年人的使用特征，以期达到安全、舒适、尊严的改造目标。

4

无评估 怎言“适”

老人居家生活状态及能力评估是在住宅适老化改造前所进行的一项极为重要的前期评估机制，需由经过培训的康复医疗人员实施并实时记录，再经由医学康复专家严格把关，各项评估结果将成为后期养老住宅改造项目的重要参考因素，便于专业人士科学而全面地了解老人的生活状态及机能，因地制宜地做好住宅适老化改造工程，规避老人发生意外的风险，引导老人健康生活方式。没有经过老人身体状态评估的改造，就不能称之为“适”老化改造。

Q：居家生活状态及能力评估有什么参考标准？

：参考中华人民共和国民政部发布的《老年人能力评估》及康复医学常用的“功能独立性评定法（FIM）”等评估标准。

老人居家生活状态及能力评估需经过以下几个主要步骤：

第一，基础情况，包括既往病史和生活习惯等。这部分询问需要老人或其亲属在清醒安静的环境下进行，如果出现被询问家庭情况相左，其询问结果需在备注中说明。

测量工具（角度尺）

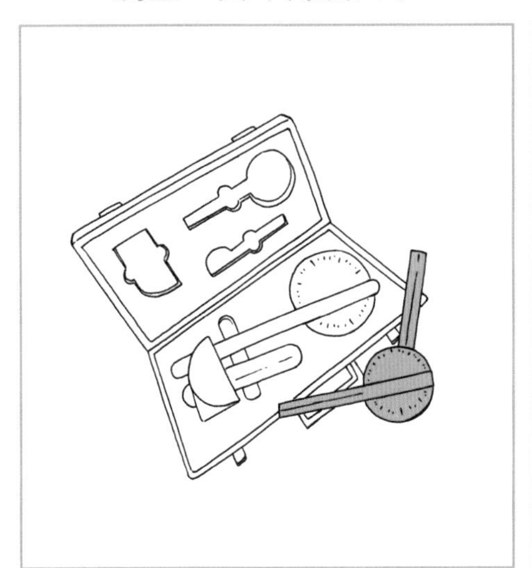

视力评测

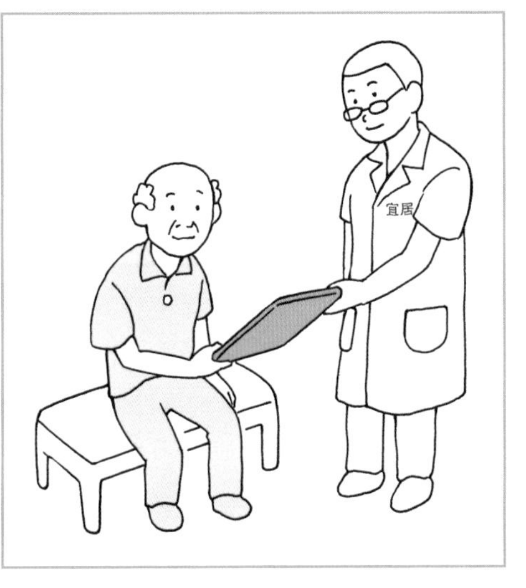

第二，数据测量，包括老人身体的部分长度测量和主要关节活动角度测量等。这部分测量需要快速准确，重复测量数值偏差应该小于3%。以第一次动作测量数值为主，如测量结果与每日不同情况下的数据有较大差异，则以日常功能最容易达到的数据为主。

第三，感官系统估测，包括视力、听力、嗅觉等。如被测者平日佩戴视力矫正设备或听力矫正设备，应在佩戴的情况下进行估测。估测结果分为功能正常、功能减退、功能障碍。

第四，独立生活评价，包括自理活动、便溺控制、通行、短距离转移、交流和社会认知等。这项评价部分需要以共同生活或知情者的询问结果作为佐证，出现分歧或涉及每月几乎都发生的情况，将降低能力评估等级标准，避免在后期工程中出现问题。评价结果分为完全独立、有条件的独立、中小辅助、最大量或完全辅助。

第五，结论指引。需要根据测量和评估的结果，综合老人的生活状态给出合理的住宅适老化改造工程的指引及建议。

臂长测量

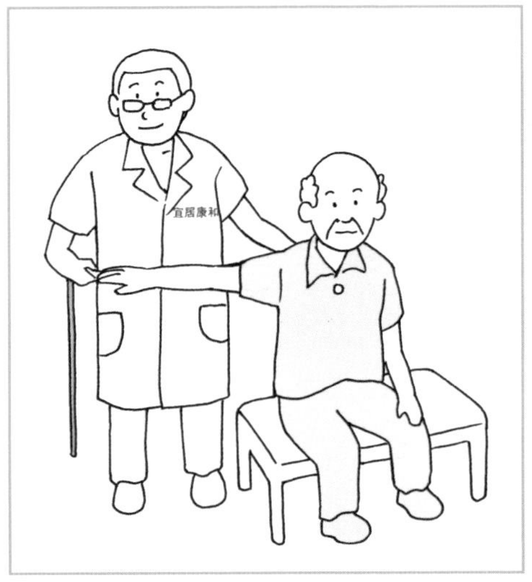

正坐伸手长度测量

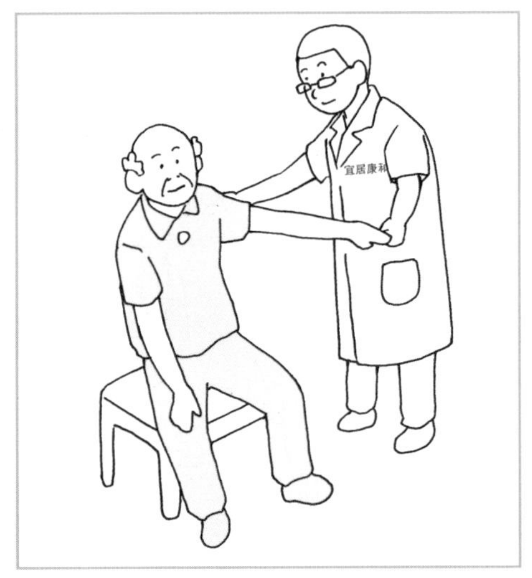

坐位举高测量

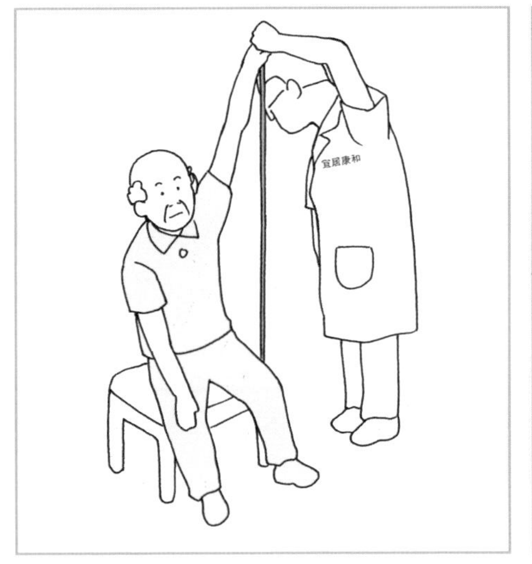

肩关节角度测量

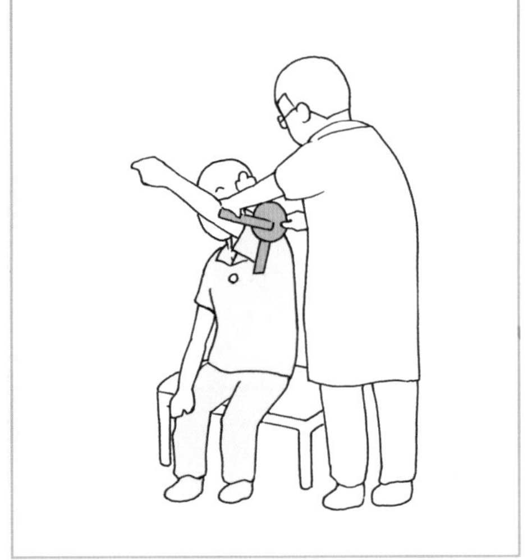

肘关节角度测量

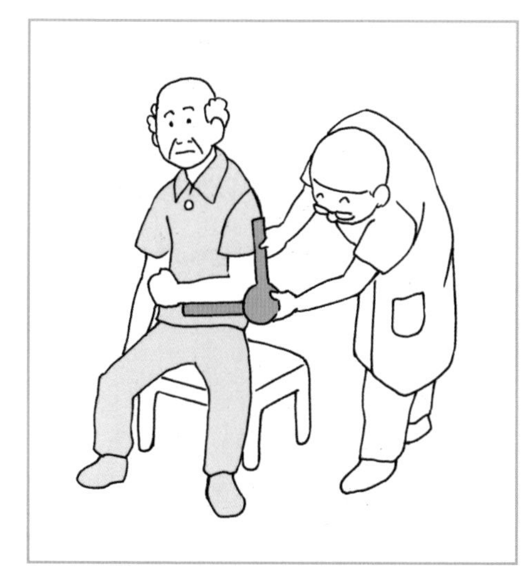

指关节角度测量

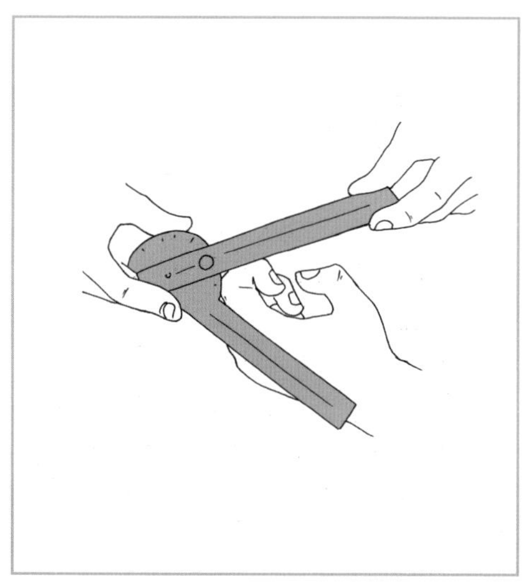

坐宽测量

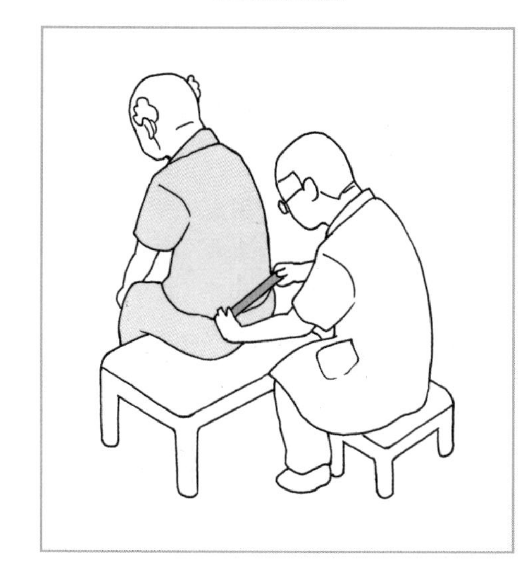

正坐膝盖高测量

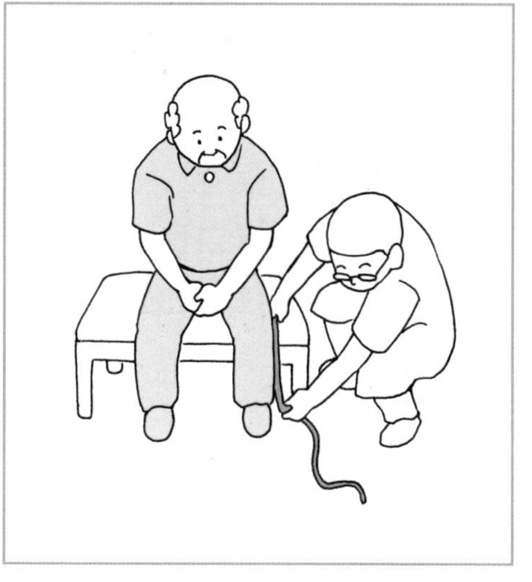

嗅觉评测

移动能力评估

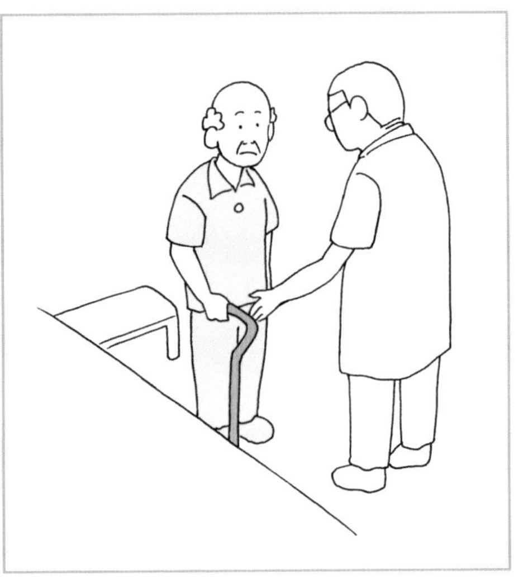

在对老人身体状态进行定制化的评估后，提出的改造方案才有可能称之为适合。但仅做了老人身体状态评估还不够，还需要完成另一半前期工作，那就是老人住宅现状评估。只有在对老人身体状态和老人住宅现状进行了综合评估后，提出的改造方案才可称之为合适。

5

住宅评测 “适”倍增

老人住宅现状评估同样也是在住宅适老化改造前所进行的一项非常重要的前期评估机制，需由具备丰富装修经验的评估师实施并详细记录，再与养老设计专家核对确认。各项评估结果将成为后期养老住宅改造项目的重要参考因素，便于专业人士如实地掌握既有住宅的优缺点，提出合理的适老化改造方案，以降低居住生活中存在的隐患，打造安全居住环境。只有经过住宅现状评估的住宅适老化改造，才能更适合老人居住生活。

Q：老人住宅现状评估有什么参考标准？

：《老年人居住建筑设计标准》（GB/T 50340—2003）《老年人建筑设计规范》（JGJ 122—1999）

老人住宅现状评估是以住宅各个空间为评估单元，详细记录其空间布局、门窗、家具部品、通风、采光、采暖、电气设备、开关插座、选用材料等。老人住宅现状评估需经过以下几个主要步骤：

第一，周边环境，实地踏勘老人住宅及其所在楼宇的进出动线，以及老人日常外出活动的路线，详细记录周边环境、交通流线及可能存在的障碍。

第二，入户门厅，实测门厅的使用面积和最小间距、户门尺寸和门槛高度，逐条记录入户门厅陈设，注意是否有独立入户门厅、是否有轮椅存放区。

第三，起居室，实测起居室的使用面积和最小间距、窗台和沙发座椅的长宽高，逐条记录起居室陈设，注意起居室是否外接阳台、窗户的开启方式。

第四，餐厅，实测餐厅的使用面积和最小间距，实测窗台、餐桌台面、餐椅座面的长宽高，逐条记录餐厅陈设，注意餐厅是否单设餐柜和备餐台、窗户的开启方式。

第五，卧室，实测卧室的使用面积和最小间距、门窗尺寸和床面高度，逐条记录卧室陈设，注意卧室是否外接阳台、是否有轮椅存放区，以及窗户的开启方式。

第六，厨房，实测厨房的使用面积和最小间距、门窗尺寸、门槛高度、操作台面的高度和深度，逐条记录厨房陈设，注意门窗的开启方式。

第七，卫生间，实测卫生间的使用面积和最小间距、门窗尺寸、门槛高度、坐便器和洗手盆高度，逐条记录卫生间陈设，注意是否有独立洗漱区、门窗的开启方式。

第八，阳台，实测阳台的使用面积和最小间距、门窗尺寸、门槛高度，逐条记录阳台陈设，注意门窗的开启方式。

第九，走廊，实测住宅内部走廊的使用面积和最小间距、门窗尺寸，逐条记录走廊陈设，注意是否有储物柜、扶手、抓杆。

通道间距测量

家具尺度测量

房高测量

门宽测量

门高测量

窗口宽度测量

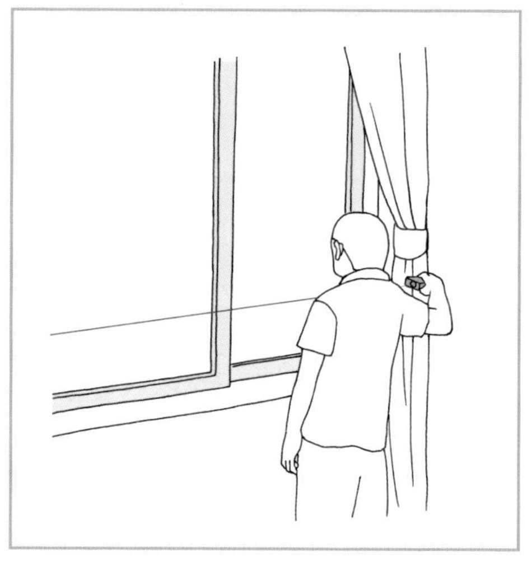

窗口高度测量

卧室照度测量

起居室照度测量

地面材质确认

数据录入

现场拍照存档

在详细测量记录老人住宅现状的基础上，通过信息录入及大数据分析，出具各个具体空间的专业测评报告，结合老人居家生活状态及能力评估结果，提出量身定制的住宅适老化改造方案。

6

小改动 大便利

人从60岁步入老年期到85岁进入被照顾关怀期，差不多有20余年的时间，有些设施和设备，健康时期不需要，只有在行动缓慢期才迫切需要。比如扶手，过早安装，会占据一定的空间，到照顾关怀期后，卫生间才需要有较大的回旋空间和无障碍设施，便于轮椅旋转及协助照顾老人；一般老人用洗脸盆的位置不宜过低，以免洗脸时前倾曲度过大，腰部过于受力，但如果是坐轮椅或坐着洗脸的老年人使用，洗脸盆的高度就要下降；诸如此类，等等。因此，适老化改造提倡的是适当早做规划，尽量在老人自理能力衰退前进行，以避免高龄或自理能力不足阶段造成有需求无能力实施的“心有余而力不足”的尴尬局面。这意味着在设计之初就留有余地，使空间和设备具有较强的可变性和改造性，以便于将来的小改动能带来大便利。

适老化改造通用要点

一般来讲，环境清静、楼层较低、采光良好、通风良好、视野开阔、安静卫生、进出方便、设施无障碍是能生活自理的老人居家的共通要求。清华大学建筑学院“老年人建筑设计研究课题组”通过国内外考察、入户调研和问卷统计等方法得到一系列第一手材料，以下部分引用课题组总结出的一些要点，从专业设计角度为有老年成员的家庭住宅适老化改造提供参考。

Q：我感觉还年轻，目前我用得着适老化改造吗？

：适老化提倡的是一种未雨绸缪的安全防患意识，不是等年老一些或迫于无奈的时候再去折腾。适老化改造是通过一整套改造体系，引导安全、舒适、尊严的居家养老生活方式。

第一，材料选择。

（1）室内避免采用反光性强或过于光亮的材料，如墙地面和桌面的用材，以减少眩光对老人眼睛的刺激。还应注意材料的易清洁性，装修形式总体上宜简洁，避免过多装饰造成积灰。

（2）地面材料：

① 应有弹性耐磨损，材料本身安全可靠，不应采用易燃，易碎、化纤及散发有害有毒气体的材料。

② 应注意防滑，以采用木质或塑胶材料为佳，厨房和卫生间的地面应选用质地致密、防水防潮、耐污易洁的材料，还应当保证着水后依然有良好的防滑性能。

③ 局部地毯边缘翘起会造成对老年人行走和轮椅的干扰，因此应避免在使用轮椅的老人的居室内铺设地毯。

④ 使用有强烈凹凸花纹的地面材料时，往往会令老人产生视觉上的错觉，产生不安定感，应避免选用。

（3）墙面材料：

① 应耐脏可擦拭，墙体阳角、门边、台阶侧墙等关键部位，应使老年人能够放心地用手撑扶，不必担心墙面被弄脏。

② 不要选择过于粗糙或坚硬的材料，阳角部

位最好处理成圆角或用弹性材料做护角保护，避免对老人身体的磕碰。

③ 如果在室内需要使用轮椅，距地200～300mm高度范围内用弹性材料做墙面及转角的防撞处理，防止轮椅与脚踢板冲撞，碰伤老人。

④ 有条件的情况下，踢脚以上高度1800mm范围的墙面可采用软质饰面材料，防止跌撞。

⑤ 卧室、起居室等生活空间的墙面应反光柔和，无眩光；手感温润，无冷硬感。

⑥ 厨卫、阳台墙面材质主要考虑防水防潮、耐污易洁、避免眩光。

（4）顶面材料：

① 住宅室内顶面材料以自重小、反光度高且反光柔和、便于施工、吸声耐污为宜。

② 卧室顶面避免使用反光强烈的材料。

③ 厨房、卫生间顶面须防水防潮，防止凝露滴水；耐污易擦拭，避免积垢，滋生细菌；还要求材质自重较轻，发生意外掉落时不致对老人造成较大伤害。

第二，色彩图案。

（1）老人房间宜用温暖的色彩，整体颜色不宜太暗，因老人视觉退化，室内色彩亮度应比其他年龄段的使用者高一些。地面应采用与墙面有反差且比较稳重的色彩，使界面交接处色差明显。

（2）老年人患白内障的较多，白内障患者往往对黄和蓝绿色系色彩不敏感，容易把青色与黑色、黄色与白色混淆，室内色彩处理时应加以注意。

适老化改造后的起居室

（3）地面色彩图案：

① 色彩鲜艳度和对比度均不宜过大，以免对老人形成强烈的视觉刺激；

② 不宜选择一些有立体感或流动感的图案纹理，避免使老人误认为地面有高差或眼晕而不敢行走。

（4）墙面宜采用明亮的浅色调，有助于保证室内的亮度，为老年人的活动提供方便。另外，浅色调的墙面作为门扇、家具的背景，容易衬托出家具轮廓，便于老人辨识，防止误撞。

（5）顶面色彩图案宜采用白色调，不宜选择复杂的顶面图案。

第三，照明设计。

（1）老年人对于照度的要求比年轻人要高2～3倍。因此，室内不仅应设置一般照明，还应注意设置局部照明，较易忽略的地方是，厨房操作台和水池上方、卫生间化妆镜和盥洗池上方等。加强照明除便于操作以外，对保洁和维护健康也有重要意义。

（2）采用高效能的暖色调灯具，并要注意其使用寿命及易更换性。

（3）室内灯具的布置应注意使用方便，电源开关位置要明显。应采用大面板电源开关。较长的走廊及卧室床头等处，应考虑安装双控电源开关，避免老人在较暗的光线下行走过长及方便老人在床头控制室内的灯具。

（4）为了保证老人起夜时的安全，卧室可设低照度长明灯，夜灯位置应避免光线直射躺下后的老人眼部。同时，室内墙角转弯处、高差变化处、易于滑倒处等应保证一定的光照。

（5）照明设备和电源：

① 开关应该选用便于按动的宽体开关，高度距地面1200mm左右。

② 插座的布置位置和高度应该便于操作，高度距地面350～600mm左右，写字台旁的插座可提高到桌面以上。

③ 任何开关、电源和控制器面板距离墙角的距离不能小于350mm。

④ 室内安装漏电保护装置。

第四，细部处理。

（1）为了保证老人行走方便和轮椅通过，室内应避免出现门槛和高差变化。必须做高差的地方，高度不宜超过20mm，并应采用小斜面加以过渡。

（2）室内家具尽量沿房间墙面周边放置，避免

消除地面高差

突出的家具挡道。如使用轮椅，应注意在床前留出足够的供轮椅旋转和护理人员操作的空间。

（3）门最好采用推拉式，装修时下部轨道应嵌入地面以避免高差。平开门应注意在把手一侧墙面留出约400～450mm的空间，以便于坐轮椅的老人侧身开启门扇。

便于老人使用的推拉门

第五，五金设备。

（1）扶手：

① 辅助蹲姿、坐姿转变为站姿的动作辅助类扶手可以竖直设置，扶手下部高度距地面700mm起，扶手上部高度不低于1400mm。扶手的两端应采取向墙壁或下方弯曲的设计，以防止老人勾住衣袖被绊倒，扶手的尺寸和形式应易于握持。

② 步行辅助类扶手主要设于长距离通行空间和存在高差变化的地方，在距离较长的通道，走廊两侧

设步行辅助类扶手，坡道和楼梯无论长短都需要在两侧设扶手，且扶手从坡段（梯段）到休息平台应当连续设置；当通道、坡道的一侧有陡峭的高差时应设实体防护栏杆并加扶手，住宅阳台和露台的栏杆高度为1100～1200mm，防止跌落，通道内有门窗开启扇时应设防护栏杆，防止老人误撞。

扶手与抓杆

（2）门窗：

① 门窗把手应当选用易施力的形式，杠杆式把手的端部应当有回形弯。

② 把手的手持部分不宜使用手感冰冷的材料，

且应当光滑易握，不能有尖锐的棱角，以免刮伤碰伤老人。

③ 把手距离门扇边缘不得小于30mm，以避免手被门缝夹伤，这样也更方便手持和开闭操作。

④ 把手中心点距地面高度900～1000mm，一般平开门的把手设置稍低，推拉门的把手设置稍高，以便于施力。

⑤ 竖向“L”形把手的低端距地面高度700mm，高端不低于1400mm。

⑥ 球型门把手过滑，需用较大的握力和腕力，不适合老人使用。

总地来讲，适老化改造的基本要求是：使用安全、结构安全，材料环保、经济，即通过住宅适老化改造，尽可能地降低老人滑倒、碰撞、夹伤、烫伤等危险，减少安全隐患，优化室内环保状况，避免因工程量盲目扩大造成资源浪费，针对不同物业管理模式的居住区、不同年代的住宅、不同生活习惯的老人采用不同的改造方式，做到因人而异，因地制宜。

适老化改造空间分析

具体来讲，能生活自理的老人住宅各个空间的适老化改造要点如下：

第一，门厅的适老化改造。

① 门厅应留有放置鞋柜与衣柜的空间，设置进门后可顺手放置物品的台面。

② 如果可能，应满足轮椅转圈的空间要求，并留有存放轮椅的空间。

③ 居室内门扇开启后，要计算把手占据门扇开启端的墙垛的宽度尺寸。

④ 为老年人换鞋时坐下与起身方便，应设置坐凳与扶手。

⑤ 门厅上空应注意设置照明。

适老化改造后的门厅

第二，起居室的适老化改造。

① 沙发宜面对门厅设置，坐面高度适当提高，以400～500mm为宜，两侧扶手宜有一定的硬度，方便老人撑扶起立。

② 内窗的采光面积要大，开启扇应保证一定的数量和面积，且布置位置应使气流均匀。

③ 窗帘应选厚重、遮光性好的材料，保证冬季挡风，并防止早上过早清醒。

适老化改造后的起居室

第三，卧室的适老化改造。

① 如两位老人居住，尽量分房或分床睡眠，以免互相影响。

② 卧室中的床可放置在靠近窗户的地方，白天可以接受阳光照射，但要防止冷风吹到床头。

③ 一些季节性比较强的物品，如凉席、风扇等，需要有方便专门存放的空间。

适老化改造后的卧室

④ 在床头设置双控开关方便控制灯光，尽量做到可调灯光明暗，设置夜灯方便老人起夜。

⑤ 床头应该放置较高的家具，便于老人从床上站立时撑扶，最好有较宽的桌面与足够的抽屉，便于放置水杯、电话、照片，药品等物品。

⑥ 老人卧室内应安装救助警报装置，报警器按钮应设在易于接触的空白墙面上，高度在距地面900mm左右为宜；另外可加设拉绳，下垂距地面100mm，用于老人倒地后呼救。有条件的话报警器与物业或社区连通，无条件的话也要在户门外设置报警灯。

第四，厨房的适老化改造。

① 厨房中应做到洁污分区，垃圾桶的位置应注意选择，水池旁是垃圾产生量最大的地方，就近使用可减少污染面积，同时要保证其位置不阻碍通行。

② 在炉灶和水池的两边都要留有台面，以便烹饪和洗涤时方便放置物品。

③ 整体橱柜应根据老人的使用特点进行设计，多设计距地面高度1400 ~ 1600mm之间的中部吊柜，可放置调料、杯、盘、碗筷等常用物品。

④ 针对轮椅使用者，操作台面、灶台前设安全抓杆，橱柜下方留有空的空间，以便轮椅接近或坐凳子操作，特别是低柜距地面250 ~ 300mm处应凹进，以便坐轮椅使用者脚部插入。

⑤ 应考虑老人因记忆力下降，有常常忘记关火的现象，炉灶要有自动断火功能，厨房内应安装煤气泄漏报警器和火灾报警器。

适老化改造后的厨房

第五，卫生间的适老化改造。

① 消除卫生间内部和门口的高差，改平开门为推拉门；如为平开门，则应向外开或可从外部解锁打开，防止老人在卫生间内倒下后挡住门，外部人员无法进入救护。

② 精心设计暖气的位置，并做好防护，且不能影响通行，比如放在门后、墙壁上等较为安全隐蔽的地方，防止老人被碰伤。

③ 洗澡时卫生间内应该有方便老人坐下的地方，或可以放置浴凳的空间。

④ 更换高度适宜的坐便器，一般坐便器高度为450mm左右，坐便器最好选用白色，以便老人观察排泄物有无问题。

⑤ 洗手盆宜浅而宽大，高度为800mm左右，下方预留空间，供轮椅插入或坐着洗漱时腿可以插入到洗手盆下方。

⑥ 浴室内可设置一面镜子，老人洗澡时可以及时发现平时不易观察到的身体变化，例如皮肤的淤青等。

适老化改造后的卫生间

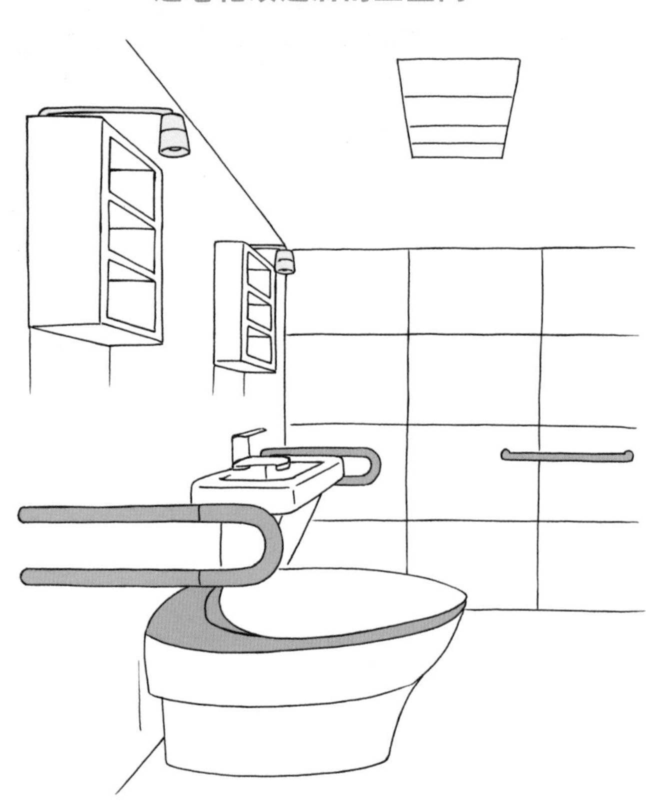

⑦ 适当提高照度，保证没有照明死角，除洗手盆上方设镜前灯外，还宜在坐便器上方也设置专门的照明灯具，以便随时观察身体的健康状况。灯具开关宜设置在卫生间门外侧。

⑧ 坐便器旁宜设置插座，便于以后改造为智能型坐便器。

⑨ 手纸盒的位置应便于老人在如厕时拿取，一般距离地面高度750mm，距离坐便器前方250mm。

⑩ 老人卫生间内应安装救助警报装置，报警器按钮应设在易于接触的空白墙面上，高度在距地900mm左右为宜；另外可加设拉绳，下垂距地面100mm，用于老人倒地后呼救。

第六，阳台的适老化改造。

① 阳台的进深应适当加大，以1500～1600mm较为合适，利于老人利用阳台养花、休闲、晒太阳。阳台的内窗台可适当放宽，如设计为250～300mm，便于放置中小型花盆等。

② 可设置一些低柜，方便老人储藏杂物，其台面可以用来放置花盆和随手可得的一些物品。

③ 阳台两端可增设较低的晾衣杆，方便挂置小件衣物，又不影响起居室的视线和阳光的通透。在阳台内或外，中部高度设置结实的晒大件被褥的栏杆，老人的被褥应常晒太阳，消毒杀菌。

适老化改造后的阳台

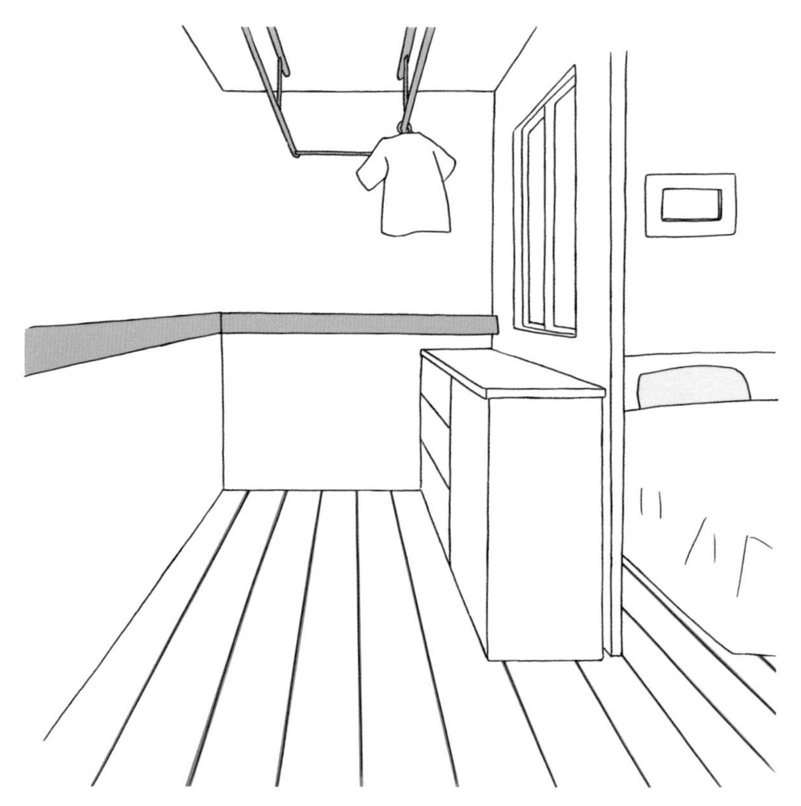

以上为针对生活能自理的老人的住宅适老化改造通用设计方案，根据老人的住宅状况进行或大或小、或多或少的改造，也许是彻头彻尾的全面翻新，可以是陈设调整、设施更换；也许是多空间的重新安排，也可以是某一部件的布设。但不管提出的是哪一种改造方案，都是在逐步逐条评测的基础上、环环相扣的适度的设计成果。能生活自理的老人的住宅适老化改造方案尚且如此步步精心，那针对失能、半失能老人的方案就更应小心谨慎。

7

特殊要求 专业处理

在庞大的老年人群中，有一类特殊的群体，就是失能老人，即丧失生活自理能力的老人。截至2014年底，我国80岁以上的老年人达2400多万，失能、半失能老人近4000万人，这部分老人养老问题已成为各级政府亟待解决的养老重大难题，如果再是高龄失能，那更是难上加难。一般情况下，老人失能或半失能，给家庭的压力非常大。基于传统观念和经济考量，大多数失能、半失能老人不选择或无法选择机构养老，而愿意居家养老，这对住宅的适老化程度提出了特殊要求。

针对失能、半失能老人的住宅适老化改造，首先要做的是：明确不同功能障碍老人的不同需求。按照身体不同部位的功能障碍进行区分，包括视力障碍、听力障碍、嗅觉障碍、触觉障碍、肢体功能障碍和认知障碍，具体分析其表现特征及易产生的问题，有针对性地提出住宅适老化改造措施。

Q：失能、半失能有什么评测标准？

：按照国际通行的活动能力测评，吃饭、穿衣、上下床、上厕所、室内走动和洗澡六项指标，一到两项“做不了”的，定义为“轻度失能”；三到四项“做不了”的定义为“中度失能”；五到六项“做不了”的定义为“重度失能”。重度失能老人属于完全不能自理，生活完全依靠他人的扶助；半失能包括“轻度失能”和“中度失能”的、生活基本不能自理的老人。

第一，视力障碍的表现是视觉衰退及眼盲，视觉衰退会导致老年人对形象、颜色的辨识能力下降，弱光识别能力差，对强光敏感，光量变化适应差，以及眼盲。在日常生活，视力障碍老人容易出现以下问题：

① 难以分辨小的物体，如较小的文字、图案，较小的按键、按钮。

② 难以分辨与背景色彩无明显反差的物体，如与墙面颜色接近的开关插座、扶手、栏杆。

③ 难以辨认大面积玻璃。

④ 难以分辨深色和微弱色差的环境，对某些颜色分辨困难，如红、绿。

⑤ 低光照度下辨物困难、夜间视物困难。

⑥ 对频闪的灯光和直射眼睛的光线感到不适，反光较强的地面或墙面引起视觉错觉。

⑦ 对光线明暗突变的适应时间长。

视力障碍

⑧ 容易磕碰、跌倒，失去方向感，容易迷路。

因此，针对视力障碍老人的住宅适老化改造措施包括：合理布置光源、增加夜间照明灯具等提高室内照度；采用大按键开关，加大标识牌的图案、文字；提高背景与文字的色彩对比度使其更容易辨识。

第二，听力障碍的表现是听不清、听不到及对声音敏感，老年人听不清或听不到的现象普遍，老年性耳聋发病比例高。在日常生活中，听力障碍老人容易出现以下问题：

听力障碍

① 听不到电话或门铃声。

② 听不到煮饭、烧水甚至报警的铃声。

③ 休息和睡眠时易受噪音干扰。

因此，针对听力障碍老人的住宅适老化改造措施包括增加灯光或震动提示，采用有视觉信号的报警装置；确保室内视线的畅通，有助于老年人了解周围环境状况，保障安全。

第三，触觉障碍、味觉障碍、嗅觉障碍的表现是温度感知能力、疼痛感知能力、味觉辨别能力、气味感知能力衰退。在日常生活中，触觉障碍、味觉障碍、嗅觉障碍老人容易出现以下问题：

温觉障碍

① 触觉退化导致老年人对冷热变得不敏感，被擦伤、烫伤时不能及时察觉，耽误医治。

② 味觉退化影响食欲且易误食变质和不良食品，进而影响健康。

③ 嗅觉退化导致对空气中的异味不敏感，严重的会造成煤气中毒。

针对触觉障碍、味觉障碍、嗅觉障碍老人的住宅适老化改造措施包括加强室内通风、采用具有自动熄灭保护装置的灶具或电磁炉。

第四，肢体功能障碍的表现是肢体灵活性降低，抬腿、弯腰、下蹲困难，肢体伸展困难；肌肉力量下降，握力、旋转力、拉力减弱，上肢、下肢力量下降，关节灵活性差；骨骼弹性和韧性下降，踝部、腕部、髋部易骨折，腰椎、颈椎易受伤。在日常生活中，肢体功能障碍老人容易出现以下问题：

① 老年人肢体活动程度及控制力减退，出现动作迟缓、反应迟钝的现象，由于肢体活动幅度减小，在做抬腿、下蹲、弯腰、手臂屈伸等动作时困难。上下楼梯困难，易被细小高差绊倒，如厕、穿鞋困难，使用蹲式便器困难，够取过高或过低的物品困难，使用过高的台面时易疲劳。

② 老年人肌肉力量下降、耐力降低，从事重体力劳动、长时间运动、上下楼梯、拿取重物时困难。使用沉重的推拉门困难，难以使用球形门锁，上肢

抬举重物困难，下肢行走困难，搬动大而重的器具易扭伤。

③ 老年人骨骼变脆，易骨折。发生骨折后恢复慢，需要人照料，使用过软的沙发、床起身困难，腰部、颈部不易扭转。

针对肢体功能障碍老人的住宅适老化改造措施包括做好地面防滑、避免细小高差、重点部位安装扶手，适当降低厨房操作台面的高度，选用较硬的沙发或床具，选用小巧轻盈的分体家具。

肢体功能障碍

第五，认知障碍的表现是记忆力减弱，容易健忘，特别是对于近期发生的事情记忆力较差；认知力、判断力、行为能力退化，时间与地点概念易混淆，适应新环境能力差，对事物反应迟钝，导致心理安全感和自信心下降。在日常生活中，认知障碍老人容易出现以下问题：

① 易忘记常用物品位置，对相似的物品识别困难。

② 害怕环境改变和物品移位，难以适应陌生环境。

认知障碍

③ 对相似的、缺乏明显特征的环境难以判断；对方向位置空间缺乏判断力；容易忽视高差与障碍物。

④ 分不清黑夜白天，经常夜间起来活动；对于循环往复的行走路径，无法判断路径上的障碍和目标，容易走失。

⑤ 行走困难，须借助轮椅，甚至卧床；失去自理能力，需要专人看护。

针对认知障碍老人的住宅适老化改造措施包括在住宅内提供明确提示，如采用开敞化的储物形式、选择定时熄火的灶具；住宅的各功能区域易于识别，避免造成认知困难；住宅中增加开敞空间，增设观察窗，方便看护人员与老年人沟通。

具体来讲，失能、半失能老人的住宅适老化改造要点如下：

（1）地面：

① 室内地面应平整，地面交接处避免高差，如有高差应用坡道过度。

② 地面材质应耐污、防滑、防水，卫生间的地面应选用防滑地砖。

③ 凡是有门处不得设门槛，卫生间如有高差应用坡道过度。

（2）墙面：

① 应在门厅靠墙处设置双层扶手，高层扶手的

高度为900mm，低层扶手的高度为700mm。

② 靠墙处宜设置防撞板，以免轮椅撞坏墙体。

③ 室内阳角处可做倒角处理，或在墙体内进行加固处理，以免轮椅转弯时碰坏墙体。

（3）门窗：

① 所有室内门的有效通行净宽应不小于800mm。

② 所有室内的落地窗应采取防护措施。

③ 宜安装带有遥控开关的电动开窗机和电动窗帘。

（4）电器开关插座：

① 所有插座的位置应安装在距地面500～700mm的高度。每个房间设置不少于2组的二极、三极插座。卫生间应设置不少于1组的防溅型二级、三级插座。厨房应对油烟机、冰箱、微波炉、电饭煲及燃气泄漏报警装置设置插座。套房卧室、起居室、书房应设置有电视终端插座及电话终端出线口，设置位置应为距地面500～700mm处。

② 所有开关的位置应安装在距地面500～700mm的高度。在床头设置双控开关控制主灯或夜灯；有条件可采用遥控开关。

③ 各种电源总开关、进水总开关和煤气总开关应设置在方便坐轮椅老人使用的位置。

④ 卧室和卫生间应设置紧急呼救设备，宜与家

中其他房间或社区医护站等相关部门连通。卧室的紧急呼救设备应设在床头，卫生间的紧急呼救设备应设置坐便器、洗浴区附近，其位置应便于发生危险情况时触碰。

（5）门厅：

① 入户门的开启和净宽应大于900mm。

② 入户门应设横向把手和关门扶手，把手侧应留有不小于400mm宽度的距离，方便坐轮椅老人接近门把手、开关户门。

③ 入户门可设高位观察门镜和方便坐轮椅老人观看的低位观察门镜。

④ 应设置带遥控开关的自动开启的门禁设备，有条件的可安装可视对讲门禁设备。

（6）起居室：

① 起居室应有合理的空间尺度，考虑到中度以上肢体功能障碍老人无法自己离开轮椅，最好选择开间大进深小的空间，便于安放家具后留有轮椅回转空间。

② 家居设置应考虑轮椅通行，特别是在室内留出轮椅通行路线。

（7）卧室：

① 卧室应保证适宜的空间尺寸。卧室的开间不宜小于3.6m，面积宜大于12m^2，卧室进门处不宜出

现狭窄的拐角，以免急救时担架出入不便。床边应留有护理空间，床侧距其他家具之间的距离不宜小于800mm，保证轮椅通过。

② 卧室应设置导轨式吊架并延伸到卫生间。

适老化改造后的卧室

（8）厨房：

① 厨房宜与餐厅就近安排，厨房与餐厅之间应留出轮椅通道。

② 厨房应考虑轮椅的活动空间，保证轮椅能够接近和使用厨房设备并自由回转，操作台下局部内凹，使活动区域能保证轮椅回转所需的直径1500mm的空间，并便于轮椅接近和使用主要烹饪设备。

③ 厨房的操作台、灶台、洗涤池的台面高度为750～800mm，台面的宽度不应小于600mm，台面的深度为500～550mm，台面的下面净空高度不应小于650mm，深度不应小于250mm。

④ 厨房宜安装电动可升降的吊柜，控制开关应设在方便坐轮椅老人操作的位置。

⑤ 厨房内的热水器及燃气阀门应方便坐轮椅老人靠近。

⑥ 厨房内应选用安全型燃气灶台，具有安全自动熄火装置和燃气泄漏自动报警装置。

（9）卫生间：

① 卫生间应与卧室靠近，或在卧室中独立设置卫生间。

② 坐便器侧墙应设置L形扶手，L形扶手的水平部分距地面的高度为650～700mm，垂直部分应距坐

便器前端200～250mm。坐便器两侧临空设置时，可设置立式扶手或上翻式扶手。上翻式扶手的安装位置与坐便器中心线距离应为375～400mm。在坐便器旁距地面600～650mm高度处设置毛巾架。手纸盒的位置应保证坐在便器上能够伸手可及。

安全无障碍的卫生间

③ 淋浴房侧墙应设置竖向扶手或L形扶手，同时设置坐凳，便于坐姿洗浴或他人提供帮助。淋浴房隔断门下部不宜出现门槛。可采用橡胶类的软质挡水条，便于轮椅出入。

④ 洗手盆或盥洗台下部应留出宽750mm、高约650mm、深350mm的移动空间。洗手盆前端设置扶手，供坐轮椅老人拉扶移动、接近洗手池。可根据老人的身体条件确定洗手盆两侧的扶手，以供老人倚靠身体、维持平衡。

（10）阳台：

① 开敞阳台应设置高度为1.1m的栏杆或实体栏板。

② 应安装防止轮椅冲撞的挡板。

③ 宜安装手摇或电动升降式晒衣架。

Q：失能、半失能老人毕竟是少数的特殊群体，其住宅适老化改造方案是不是大同小异？

：针对失能、半失能老人的居家养老特殊要求，住宅适老化改造的专业处理方案更为严谨。在对失能、半失能老人的基本情况和存在的主要障碍进行了调查分析的基础上，提出了视力障碍、听力障碍、触觉障碍、嗅觉障碍、味觉障碍、肢体功能障碍、认知障碍的老人居家养老解决方案。利用空间规划手段，设身处地得从这些老人的生活轨迹出发，从每一处细节关爱他们的生活起居，令每位老人快乐居家养老的愿望成为现实。

针对失能、半失能老人的特殊要求，需采用专门设计的住宅适老化改造方案，改造的关键在于一丝不苟地严格执行设计规范和验收标准以实现设计初衷，为老人的独立生活提供支持，尽可能地延长老人自理生活时间，减少对子女及社区照护的依赖。

8

优质工程 必有超白金标准

如果说老人居家生活状态评估和老人住宅现状评估是整个住宅适老化改造的“灵魂环节”，是设计的初始，施工环节则是设计的落地，是整个改造过程中时间最长、项目难度最高的部分，每一处细节的质量决定了最终的整体效果，需密切跟踪工程进度。因为住宅适老化改造为老人带来的不只是安全、舒适、有尊严的居家体验，还有创新的工程理念、专属的材料应用、独有的工程管理体系，以及规范的施工流程、施工工艺与严格的质量标准，保证所有施工过程的规范性和均好性，最终让每一位用户都得到高品质的适度的改造产品。

高品质的改造产品来自于规范的施工流程、施工工艺及严格的质量标准，确保所有施工过程的规范性和均好性。住宅适老化改造施工过程大致按照以下步骤完成：

规范的管理制度，严格的验收标准

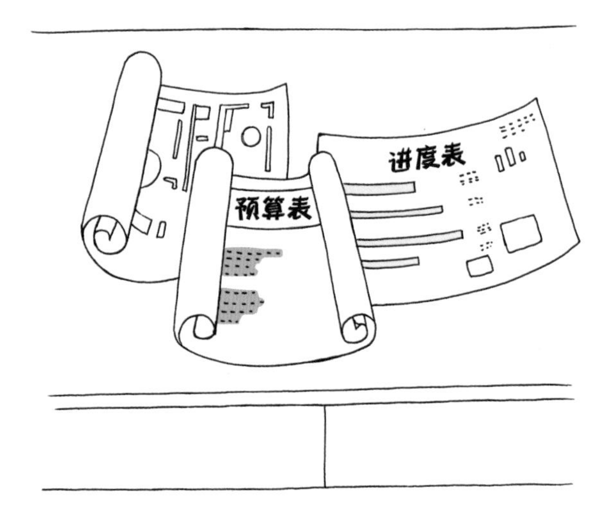

施工环节过程解析如下：

（1）进场准备

组织和制定施工所必需的数据和资料。包括了解施工图纸，重点记录特殊要求的施工部位，计算工程量，列表归类材料计划表、工程材料名称、规格和预计数量等，制定施工进度表，勘察了解施工环境，材料进场、预约门窗测量时间等。

（2）主体拆改

进入施工阶段，主体拆改是最先实施的一个项目，主要包括拆旧墙、砌新墙、拆除地板或地砖、铲墙皮、拆暖气、换塑钢窗等。主体拆改就是搭施工框架，一般老房子需要拆改的项目比较多。

Q：住宅适老化改造周期需要多久？

：住宅适老化改造具体的时间根据居室面积以及改造难度而定，以一居室为例，改造周期大约30天左右，以此类推，每增加一间居室，工期大约增加5~10天左右。

Q：住宅适老化改造的安全性及材料的生命周期？

：住宅适老化改造方案完全都是根据老人的身体状况和房屋的现状量身定制，也是完全遵照国家规范的要求制定，同时借鉴了国际先进的改造经验。整个改造过程所使用的材料也是符合国家相关标准，符合老人的使用特征。材料生命周期根据材料本身性质决定，需要参看不同厂家的技术手册。

（3）水电改造

水电改造之前，首先进行门窗测量及第一次橱柜测量，确认厨房预留的水表、上水口、油烟机插座的位置。水路改造完成之后，做卫生间防水，厨房也需要做防水。根据顶面图和强弱电的重新规划布局做电路改造。

（4）木作

现场木作施工开始。

（5）贴砖

瓦工进场施工，贴砖，作业过程还交叉涉及过门石、大理石窗台、地漏的安装。

（6）粉刷墙面

油工进场，主要完成墙面基层处理、刷面漆、给现场木作上漆等工作。如果准备贴壁纸，需要让油工在计划贴壁纸的墙面做基层处理。当木工、瓦工、油工相继离场后，普遍理解的改造“施工环节”就算完成，改造的重头所在“安装环节”开始。

（7）热水器安装

墙面、地面装修完毕之后，吊顶安装之前，即可通知热水器送货、安装。燃气热水器一般安装在厨房或者封闭式阳台，电热水器一般安装在卫生间。

（8）厨卫吊顶

厨卫吊顶作为安装环节第一步，在厨卫吊顶的同时安装好厨卫的防潮吸顶灯、排风扇或浴霸。

（9）橱柜安装

吊顶结束后，安装橱柜、水槽。

（10）烟机灶具安装

烟机灶具安装最好能与橱柜安装安排到同一天，方便双方师傅协调，煤气灶具安装后要求试气。

（11）木门安装

木门安装的同时要安装合页、门锁、地吸。需要注意的是，如果家里门洞的高度不一致，需提醒工人处理成等高。

（12）地板安装

在木门安装的第二天就可以安装地板了，地板安装需要注意两个问题，即要求地板厂家上门勘测、保证地面的干燥与洁净。

（13）开关插座安装

卫生间所有插座和开关都必须是防水的，插座要带盖子。门厅入口处的电灯开关，一般建议使用感应型或者荧光型。开关插座宁多勿少，充分预留新电器所需插座。

（14）灯具安装

灯具安装必须经过仔细讲究，因为要长期使用并且不能轻易损坏。

（15）五金洁具安装

上下水管件、卫浴挂件、马桶、晾衣架等，一并全部装上。

（16）适老化产品安装

按照图纸设计的位置，安装适老化产品，包括扶手、抓杆、呼叫器等。

（17）窗帘杆安装

窗帘杆的安装标志着改造的基本结束。

（18）拓荒保洁

拓荒保洁之前，不安装窗帘，拓荒保洁时，家里不要有家具以及不必需的家电，尽量保持更多的“平面”，以便拓荒保洁能够彻底地清扫。

（19）家具进场或归位

如果是购置的新家具，可以通知厂家送货安装，如果仍旧使用原有的家具，联系搬家公司运回并归位。

（20）家电进场

所有家电进场、安装，准备入住。

适老化产品安装

（21）家居配饰

根据老人喜好，进行适度的搭配。

（22）开窗通风

无论使用的如何标榜环保的材料和家具，保证自然通风时间必不可少，让有害气体充分挥发散去。

如果说“设计环节”是“构想”未来养老的家，那么“施工环节”就是“包装”这个家，真正说“置备”家当几乎都在“安装环节”，改造步骤一环扣一环，确保按期、高效、优质完工，而“验收环节”则贯穿工程始终。

9

寸步不让的铁面监理

从开工交底到签订保修协议，住宅适老化改造施工全程分为八大验收节点，每个环节告一段落时，监理出具专业的验收报告，做到早发现，早解决。具体来讲，住宅适老化改造施工验收程序包括房屋交底验收、施工材料验收、水电专业验收、防水工程验收、墙地砖铺贴验收、涂刷项目验收、主材安装验收、保修协议签订，八大节点九十九项配套验收标准，住宅适老化改造施工质量须由铁面监理严格把关。

住宅适老化改造施工监理是随着建筑行业的发展应运而生，依据国家有关住宅装修的政策、法规和标准，综合运用行政和技术手段维护好老人消费者的利益，达到工程质量好、工期合理和取得有效的造价控制。在施工过程中监理主要做好以下五项工作：

第一，对进场原材料验收：检查所进场的各种装修装饰材料品牌、规格是否齐全、一致，质量是否合格，如发现无生产合格证、无厂名、厂址的“三无产品”或伪劣商品，应立即要求退换。对存在质量问题的材料一律不准用于施工工程当中。

第二，对施工工艺的控制：督促、检查施工单位，严格执行工程技术规范，按照设计图纸和施工工程内容及工艺做法说明进行施工。对违反操作程序、影响工程质量、改变装饰效果或留有质量隐患的问题要求限期整改。必要时，对施工工艺做法和技术处理作指导，提出合理的建议，以达到预期的设计效果。

第三，对施工工期的控制：施工工期直接影响着老年用户和施工单位的利益，监理应站在第三方的立场上按照国家有关装饰工程质量验收规定，履行自己的职责，合理控制好工期。在保证施工质量的前提下尽快完成工程施工任务，在工程提前完工时更应把好质量关。

第四，对工程质量的控制：负责施工质量的监督和检查、确保工程质量是监理的根本任务，凡是不符合施工质量标准的应立即向施工者提出，要求予以纠正或停止施工，维护好老年用户的利益。对隐蔽工程分不同阶段及时进行验收，避免过了某一施工阶段而无法验收，从而留下安全隐患。

Q：家装监理是干什么的？

：家装监理，即家庭装修监理，是从工程建设监理中细化出来的，顾名思义，就是对家庭装修的监督管理，一般是指专业化的家庭装修监理单位接受业主（装修户）的委托和授权，根据国家有关家庭装修的文件、法律、法规，按照家庭装修监理合同以及其他家庭装修合同，协助业主对家庭装修工程进行监督管理。监理公司接受业主委托，在家装工程中替客户监督施工队的施工质量、用料、服务、保修等，防止家装公司和施工队的违规行为。

第五，协助用户进行工程竣工验收：家装监理作为老年用户的代表，在家装工程结束时，应协助老年用户做好竣工验收工作，并在竣工验收合格证书上签署意见。督促施工单位做好保修期间的工程保修工作。另外，监理还需对进场的施工设备进行安全检查，并协助老年用户、工长与物业管理等部门协调好关系，保证住宅适老化改造施工的顺利进行。

住宅适老化改造的全面验收一般包括六项内容，分别为隐蔽工程（即水电工程）、木工工程、油漆工程、泥瓦工程、金属工程及杂项，以国家验收规范和施工合同约定的质量验收标准为依据对工程各方面进行验收，验收主要内容可参考下表：

项目名称	验收内容
水路工程	洁具的安装应平整、牢固、顺直
	厨房水槽、卫生间洗手池、马桶、淋浴房排水的通畅性
	给水管应畅通，且必须在完工后，进行24小时的加压测试
	对卫生间地面进行闭水测试，检测防水层
电路工程	电源线应使用国标铜线，一般照明和插座使用2.5mm^2（铜线）
	厨房、卫生间应使用4mm^2（铜线），如果电源线是多股线，应进行焊锡处理后，才能接在开关插座上
	电视和电话信号线应与强电类电源线保持一定的距离（不小于250mm），安装灯具应使用金属吊点，完工后逐个试验
	照明和插座应能够正常使用，电线应套管
	电话信号正常、无噪声（可携带一台电话测试）

续表

电路工程	电视信号正常、无雪花（可携带一台电视机测试）
	网络信号正常
木工工程	细木工板应达到国家规定的环保标准
	木方应涂刷防火、防腐材料后才进行使用
	大面积吊顶、墙裙每平方米不少于8个固定点，吊顶要使用金属吊点
	地板找平的木方应平直，无弯曲现象
	门、窗的制作应选用质量佳的高档材料，若材料质量差，容易变形
	木质拼花施工应做到缝隙无间或者保持统一的间隔距离
	无论水平方向，还是垂直方向，家具的构造均应平直
	若有弧度与圆度造型，应顺畅规整，若有多个连续相同的造型，还应确保造型一致
	所有木工项目的表面应平整、没有起鼓或破缺
	所有柜子的门开关应顺畅，开启和关闭过程中应没有声音
	吊顶墙角线与墙面和顶面接口应没有缝隙，每段之间对花拼接应正确无错位
	卫生间、厨房的扣板吊顶应平整、无凸起与变形现象
	所有把手及锁具的安装位置应准确、开启正常
	踢脚板安装应平直，与地面无缝隙
油漆工程	油漆应选用环保材料，涂刷或喷漆前应做好表面处理
	清漆施工的表面厚度应一致，没有明显的颗粒现象
	混油先在木器表面刮原子灰，经打磨平整后再喷涂油漆
	混油施工的漆膜应光滑、平整，没有起鼓、开裂现象
	墙面漆在涂刷前，一定要使用底漆（以隔绝墙体和面漆的酸碱反应），以防墙面变色
	墙面漆涂刷后表面应平整，没有空鼓、裂缝现象
	墙纸拼缝应准确、没有扯裂现象，图案的纹理拼纹对接应准确、没有错位现象

续表

泥瓦施工	施工前应进行预排预选工序，把规格不一的材料分类码放，以使砖缝对齐，把个别缺角的材料作为切割材料使用
	铺贴后的砖面应平整，没有倾斜现象，空鼓率低于5%
	墙砖与墙砖之间、地砖与地砖之间的铺贴缝隙应一致
	特别注意墙角及地角的四个角，转接应没有缺角、崩裂现象
	有图案的砖，图案拼接应正确，没有翻转现象
	花砖或腰线的位置应正确，且保持平直、没有偏差
金属工程	门、窗等金属构造应平直、规整，窗应有密封件
	要求构件操作灵活，开关没有阻碍感、没有异声
	防盗网焊点牢固、没有松动现象
杂项	逐一核对合同条款，确保所有项目都已履行，避免遗漏
	检查所有的适老化产品，安装、使用应正常
	工程垃圾应清理完毕

一般情况下，老人都是装修行外人，也没有太多精力自己亲自监督改造进度和质量状况，监理是对施工质量进行睚眦必究全面把关的最佳人选。监理可以全方位帮助老人考虑问题，可以代表老人审核装修合同、审核设计方案、审核设计图纸、审核工程预算、查验装饰材料、查验装修设备、隐蔽工程验收、工艺做法检查、工程进度监督、工程质量检查、协助客户验收等，以保证施工质量，最大限度地保障老人的权益。

后记

——住宅适老化改造已经拉开帷幕，
我们正逢其时

现如今，人们已经逐渐接受了全社会正在迈进“老龄化”这一现实。地面太滑、洗浴不方便、家具棱角尖锐容易碰伤……即便不出家门，老人的养老生活也存在着隐患。有很多子女认为给老人养老就等于请个保姆，这肯定是不够的。如果住宅本身就存在安全隐患，老人的身体机能又日渐衰退，即使有保姆在，也难保不出问题。既然存在这些问题，那从住宅设计上做一些改动，是不是就能解决？“适老化改造”是居家养老的新变革，住宅适老化改造已悄然拉开帷幕。

我们编写这本书的初衷，是希望能有更多的老人及其儿女知晓适老化改造，进而了解住宅适老化的改造要点，为儿女关爱老人的养老生活打开一扇窗，让更多的老人能够在自己的家里快乐地生活、健康地长寿、优雅地老去。

《家·养老——居家养老住宅适老化改造》一书从组稿、编排、校对、付梓，前前后后用了不到两个月的时间，挑灯夜战、争分夺秒、战战兢兢，唯恐言差词错、有负众望。庆幸的是，本书编写得到了北京宜居康和养老服务有限公司的大力支持，从文稿素材、场景拍摄、插图校对、版面创意，到专业问题审核，再到后期纸张选定、印制把关，“宜居康和”的专业团队都给予了非常中肯的意见和建议，在此深表感谢。

由于编者的水平有限，加之成书时间仓促，错漏之处难免，敬请广大读者批评指正。

也敬请期待《住宅适老化改造指南》早日问世。

章　曲

2016年10月

附　录

现行标准速查表

标准编号	标准名称	发布部门	实施日期
JC/T 2350—2016	室内装饰装修选材指南	中华人民共和国工业和信息化部	2016-07-01
WS/T 484—2015	老年人健康管理技术规范	中华人民共和国国家卫生和计划生育委员会	2016-04-01
DB 11/1222—2015	居住区无障碍设计规程	北京市质量技术监督局	2016-02-01
15J 923	老年人居住建筑	中华人民共和国住房和城乡建设部	2016-01-01
JGJ 367—2015	住宅室内装饰装修设计规范	中华人民共和国住房和城乡建设部	2015-12-01
DB11/T 3002—2015	老年护理常见风险防控要求	北京市质量技术监督局	2015-07-01
DB11/T 1076—2014	居住建筑装修装饰工程质量验收规范	北京市质量技术监督局	2014-06-01
GB 50867—2013	养老设施建筑设计规范	中华人民共和国住房和城乡建设部	2014-05-01
JGJ/T 304—2013	住宅室内装饰装修工程质量验收规范	中华人民共和国住房和城乡建设部	2013-12-01

续表

标准编号	标准名称	发布部门	实施日期
MZ/T 039—2013	老年人能力评估	中华人民共和国民政部	2013-10-01
SB/T 10944—2012	居家养老服务规范	中华人民共和国商务部	2013-09-01
GB 50763—2012	无障碍设计规范	中华人民共和国住房和城乡建设部	2012-09-01
WS 372.4—2012	病管理基本数据集第4部分：老年人健康管理	中华人民共和国卫生部	2012-09-01
GB 50096—2011	住宅设计规范	中华人民共和国住房和城乡建设部	2012-08-01
GB 50642—2011	无障碍设施施工验收及维护规范	中华人民共和国住房和城乡建设部，中华人民共和国国家质量监督检验检疫总局	2011-06-01
建标 144—2010	老年养护院建设标准	中华人民共和国住房和城乡建设部	2011-03-01
建标143—2010	社区老年人日间照料中心建设标准	中华人民共和国民政部	2011-03-01
GB/T 20002.2—2008	标准中特定内容的起草第2部分：老年人和残疾人的需求	国家标准化管理委员会	2008-12-01

续表

标准编号	标准名称	发布部门	实施日期
GB 50437—2007	城镇老年人设施规划规范（附条文说明）	中华人民共和国建设部	2008-06-01
GB/T 50340—2003	老年人居住建筑设计标准	中华人民共和国建设部	2003-09-01
GB/T 18883—2002	室内空气质量标准	中华人民共和国国家质量监督检验检疫总局，卫生部	2003-03-01
GB 50327—2001	住宅装饰装修工程施工规范	中华人民共和国建设部，国家质量监督检验检疫总局	2002-05-01
GB 50210—2001	建筑装饰装修工程质量验收规范	中华人民共和国建设部国家质量监督检验检疫总局	2002-03-01
JGJ 122—1999	老年人建筑设计规范	中华人民共和国建设部	1999-10-01

《老年人建筑设计规范》JGJ 122—1999 摘录（部分）

1 总 则

1.0.1 为适应我国社会人口结构老龄化，使建筑设计符合老年人体能心态特征对建筑物的安全、卫生、适用等基本要求，制定本规范。

1.0.2 本规范适用于城镇新建、扩建和改建的专供老年人使用的居住建筑及公共建筑设计。

1.0.3 专供老年人使用的居住建筑和公共建筑，应为老年人使用提供方便设施和服务。具备方便残疾人使用的无障碍设施，可兼为老年人使用。

1.0.4 老年人建筑设计除应符合本规范外，尚应符合国家现行有关强制性标准的规定。

2 术 语

2.0.1 老龄阶段

60周岁及以上人口年龄段。

2.0.2 自理老人

生活行为完全自理，不依赖他人帮助的老年人。

2.0.3 介助老人

生活行为依赖扶手、拐杖、轮椅和升降设施等帮助的老年人。

2.0.4　介护老人

生活行为依赖他人护理的老年人。

2.0.5　老年住宅

专供老年人居住，符合老年体能心态特征的住宅。

2.0.6　老年公寓

专供老年人集中居住，符合老年体能心态特征的公寓式老年住宅，具备餐饮、清洁卫生、文化娱乐、医疗保健服务体系，是综合管理的住宅类型。

2.0.7　老人院（养老院）

专为接待老年人安度晚年而设置的社会养老服务机构，设有起居生活、文化娱乐、医疗保健等多项服务设施。

2.0.8　托老所

为短期接待老年人托管服务的社区养老服务场所，设有起居生活、文化娱乐、医疗保健等多项服务设施，可分日托和全托两种。

2.0.9　走道净宽

通行走道两侧墙面凸出物内缘之间的水平宽度，当墙面设置扶手时，为双侧扶手内缘之间的水平距离。

2.0.10　楼梯段净宽

楼梯段墙面凸出物与楼梯扶手内缘之间，或楼梯段双面扶手内缘之间的水平距离。

2.0.11　门口净宽

门扇开启后，门框内缘与开启门扇内侧边缘之间的水平距离。

3　基地环境设计

3.0.1　老年人建筑基地环境设计，应符合城市规划要求。

3.0.2　老年人居住建筑宜设于居住区，与社会医疗急救、体育健身、文化娱乐、供应服务、管理设施组成健全的生活保障网络系统。

3.0.3　专为老年人服务的公共建筑，如老年人文化休闲活动中心、老年大学、老年疗养院、干休所、老年医疗急救康复中心等，宜选择临近居住区，交通进出方便，安静，卫生、无污染的周边环境。

3.0.4　老年人建筑基地应阳光充足，通风良好，视野开阔，与家庭结合绿化、造园，宜组合成若干个户外活动中心，备设座椅和活动设施。

4　建筑设计

4.1　一般规定

4.1.1　老年人居住建筑应按老龄阶段从自理、介助到介护变化全程的不同需要进行设计。

4.1.2　老年人公共建筑应按老龄阶段介助老人的体能心态特征进行设计。

4.1.3　老年人公共建筑，其出入口、老年所经由的水平通道和垂直交通设施，以及卫生间和休息室等部位，应为老年人提供方便设施和服务条件。

4.1.4　老年人建筑层数宜为三层及三层以下；四级及四级以上应设电梯。

4.2　出入口

4.2.1　老年人居住建筑出入口，宜采取阳面开门。出入口内外应留有不小于1.50m×1.50m的轮椅回旋面积。

4.2.2　老年人居住建筑出入口造型设计，应标志鲜明，易于辨别。

4.2.3　老年人建筑出入口门前平台与室外地面高差不宜大于0.40m，并应采用缓坡台阶和坡道过渡。

4.2.4　缓坡台阶踏步踢面高不宜大于120mm，踏面宽不宜小于380mm，坡道坡度不宜大于1/12。台阶与坡道两侧应设栏杆扶手。

4.2.5 当室内外高差较大设坡道有困难时，出入口前可设升降平台。

4.2.6 出入口顶部应设雨篷；出入口平台、台阶踏步和坡道应选用坚固、耐磨、防滑的材料。

4.3 过厅和走道

4.3.1 老年人居住建筑过厅应具有轮椅、担架回旋条件，并应符合下列要求：

1 户室内门厅部位应具备设置更衣、换鞋用橱柜和椅凳的可能。

2 户室内面对走道的门与门与邻墙之间的距离，不应小于0.50m，应保证轮椅回旋和门窗开启空间。

3 户室内通过式走道净宽不宜小于1.80m。

4.3.2 老年人公共建筑，通过式走道净宽不宜小于1.80m。

4.3.3 老年人出入经由的过厅、走道、房间不得设门坎，地面不宜有高差。

4.3.4 通过式走道两侧墙面0.90m和0.65m高处宜设 ϕ40～50mm的圆杆横向扶手，扶手离墙表面间距40mm；走道两侧墙面下部应设0.35m的护墙板。

4.4 楼梯、坡道和电梯

4.4.1 老年人居住建筑和老年人公共建筑，应设符合老年体能心态特征的缓坡楼梯。

4.4.2 老年人使用的楼梯间，其楼梯段净宽不得小于1.20m，不得采用扇形踏步，不得在平台区内设踏步。

4.4.3 缓坡楼梯踏步踏面宽度，居住建筑不应小于300mm，公共建筑不应小于320mm；踏面高度，居住建筑不应大于150mm，公共建筑不应大于130mm。踏面前缘宜设高度不大于3mm的异色防滑警示条，踏面前缘前凸不宜大于10mm。

4.4.4　不设电梯的三层及三层以下老年人建筑宜兼设坡道，坡道净宽不宜小于1.50m，坡道长度不宜大于12.00m，坡度不宜大于1/12。坡道设计应符合现行行业标准《方便残疾人使用的城市道路和建筑物设计规范》JGJ 50的有关规定。并应符合下列要求：

1　坡道转弯时应设休息平台，休息平台净深度不得小于1.50m。

2　在坡道的起点及终点，应留有深度不小于1.50m的轮椅缓冲地带。

3　坡道侧面凌空时，在栏杆下端宜设高度不小于50mm的安全档台。

4.4.5　楼梯与坡道两侧离地高0.90m和0.65m处应设连续的栏杆与扶手，沿墙一侧扶手应水平延伸。扶手设计应符合本规范第4.3.4条的规定。扶手宜选用优质木料或手感较好的其他材料制作。

4.4.6　设电梯的老年人建筑，电梯厅及轿厢尺度必须保证轮椅和急救担架进出方便，轿厢沿周边离地0.90m和0.65m高处设介助安全扶手。电梯速度宜选用慢速度，梯门宜采用慢关闭，并内装电视监控系统。

4.5　居　室

4.5.1　老年人居住建筑的起居室、卧室，老年人公共建筑中的疗养室、病房，应有良好朝向、天然采光和自然通风，室外宜有开阔视野和优美环境。

4.5.2　老年住宅、老年公寓、家庭型老人院的起居室使用面积不宜小于14m²，卧室使用面积不宜小于10m²，矩形居室的短边净尺寸不宜小于3.00m。

4.5.3　老人院、老人疗养室、老人病房等合居型居室，每室不宜超过三人，每人使用面积不应小于6m²。矩形居室短边净尺寸不一小于3.30m。

4.6 厨房

4.6.1 老年住宅应设独用厨房；老年公寓除设公共餐厅外，还应设各户独用厨房；老人院除设公共餐厅外，宜设少量公用厨房。

4.6.2 供老年人自行操作和轮椅进出的独用厨房，使用面积不宜小于6.00m²，其最小短边净尺寸不应小于2.10m。

4.6.3 老年人公用小厨房应分层或分组设置，每间使用面积宜为6.00～8.00m²。

4.6.4 厨房操作台面高不宜小于0.75～0.80m，台面宽度不应小于0.50m，台下净空高度不应小于0.60m，台下净空前后进深不应小于0.25m。

4.6.5 厨房宜设吊柜，柜底离地高度宜为1.40～1.50m；轮椅操作厨房，柜底离地高度宜为1.20m。吊柜深度比案台应退进0.25m。

4.7 卫生间

4.7.1 老年住宅、老年公寓、老人院应设紧邻卧室的独用卫生间，配置三件卫生洁具，其面积不宜小于5.00m²。

4.7.2 老人院、托老所应分别设公用卫生间、公用浴室和公用洗衣间。托老所备有全托时，全托者卧室宜设紧邻的卫生间。

4.7.3 老人疗养室、老年病房，宜设独用卫生间。

4.7.4 老年人公共建筑的卫生间，宜临近休息厅，并应设便于轮椅回旋的前室，男女各设一具轮椅进出的厕位小间，男卫生间应设一具立式小便器。

4.7.5 独用卫生间应设坐便器、洗脸盆和浴盆淋浴器。坐便器高度不应大于0.40m，浴盆及淋浴座椅高度不应大于0.40m。浴盆一端应设不小于0.30m宽度坐台。

4.7.6 公用卫生间厕位间平面尺寸不宜小于1.20m×1.20m，内设0.40m高的坐便器。

4.7.7 卫生间内与坐便器相邻墙面应设水平高0.70m的“L”形

安全扶手或“Ⅱ”形落地式安全扶手。贴墙浴盆的墙面应设水平高度0.60m的“L”形安全扶手，入盆一侧贴墙设安全扶手。

4.7.8 卫生间宜选用白色卫生洁具，平底防滑式浅浴盆。冷、热水混合式龙头宜选用杠杆式或掀压式开关。

4.7.9 卫生间、厕位间宜设平开门，门窗向外开启，留有观察窗口，安装双向开启的插销。

4.8 阳 台

4.8.1 老年人居住建筑的起居室或卧室应设阳台，阳台净深度不宜小于1.50m。

4.8.2 老人疗养室、老人病房宜设净深度不小于1.50m的阳台。

4.8.3 阳台栏杆扶手高度不应小于1.10m，寒冷和严寒地区宜设封闭式阳台。顶层阳台应设雨篷。阳台板底或侧壁，应设可升降的晾晒衣物设施。

4.8.4 供老人活动的屋顶平台或屋顶花园，其屋顶女儿防护栏高度不应小于1.10m；出平台的屋顶突出物，其高度不应小于0.60m。

4.9 门 窗

4.9.1 老年人建筑公用外门净宽不得小于1.10m。

4.9.2 老年人住宅户门和内门（含厨房门、卫生间门、阳台门）通行净宽不得小于0.80m。

4.9.3 起居室、卧室、疗养室、病房等门扇应采用可观察的门。

4.9.4 窗扇宜镶用无色透明玻璃。开启窗口应设防蚊蝇纱窗。

4.10 室内装修

4.10.1 老年人建筑内部墙体阳角部位，宜做成圆角或切角，且在1.80高度以下做与墙体粉刷齐平的护角。

4.10.2 老年人居室不应采用易燃、易碎、化纤及散发有害有毒气味的装修材料。

4.10.3 老年人出入和通行的厅室、走道地面，应选用平整、防滑材料，并应符合下列要求：

1 老年人通行的楼梯踏步面应平整防滑无障碍，界限鲜明，不宜采用黑色、显深色面料。

2 老年人居室地面宜用硬质木料或富弹性的塑料材料，寒冷地区不宜采用陶瓷材料。

4.10.4 老年人居室不宜设吊柜，应设贴壁式贮藏壁橱。每人应有1.00m^{3}以上的贮藏空间。

5 建筑设备与室内设施

5.0.1 严寒和寒冷地区老年人居住建筑应供应热水及采暖。

5.0.2 炎热地区老年人居住建筑宜设空调降温设备。

5.0.3 老年人居住建筑居室之间应有良好的隔音处理和噪声控制。

5.0.4 建筑物出入口雨篷板底或门口侧墙应设灯光照明。阳台应设灯光照明。

5.0.5 老年人居室夜间通向卫生间的走道、上下楼梯平台与踏步联结部位，在其邻墙离地面高0.40m处宜设灯光照明。

5.0.6 起居室、卧室应设多用安全电源插座，每室宜设两组，插孔离地高度应为0.60～0.80m；厨房、卫生间宜各设三组，插孔离地高度宜为0.80～1.00m。

5.0.7 起居室、卧室应设闭路电视插孔。

5.0.8 老年人专用厨房应设燃气泄漏报警装置；老年公寓、老人院等老年人专用厨房的燃气设备宜设总调控阀门。

5.0.9 电源开关应选用宽板防漏电式按键开关，高度离地宜为1.00～1.20m。

5.0.10 老年人居住建筑每户应设电话，居室及卫生间厕位旁应设紧急呼救按钮。

5.0.11 老人院床头应设呼叫对讲系统、床头照明灯和安全电源插座。

中国老年人人体尺度测量图

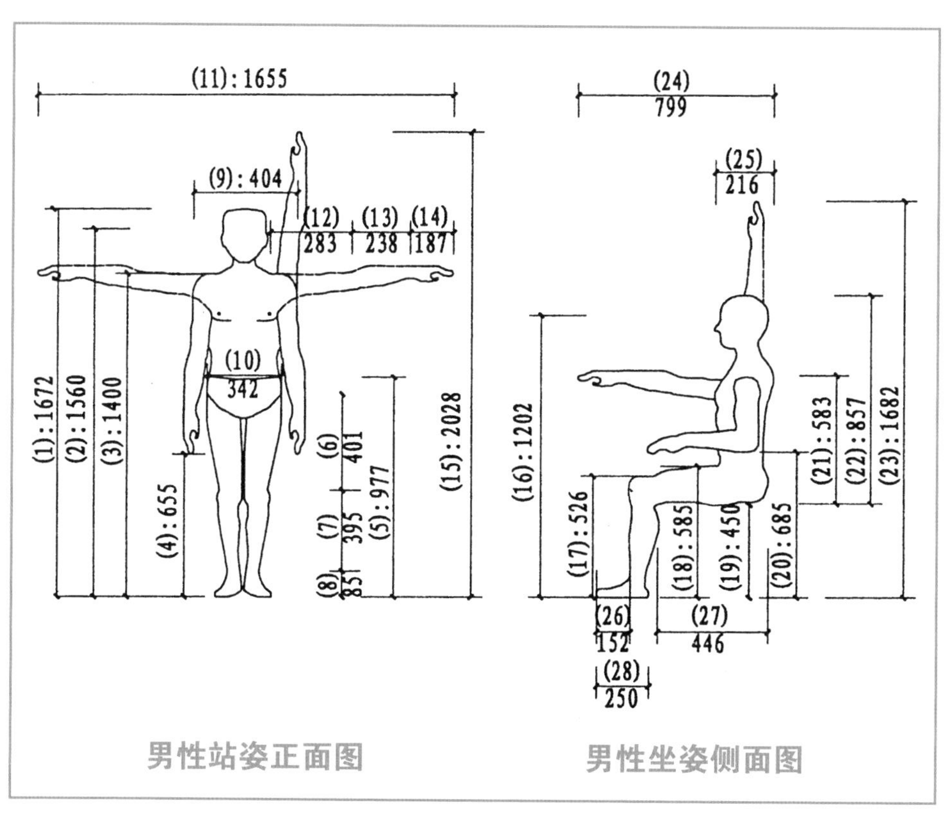

站姿	(1):身高	(2):正立时眼高	(3):肩峰点高	(4):臂下垂中指尖距地高	(5):胯骨高	(6):大腿长	(7):小腿长	(8):脚踝高
	(9):肩宽	(10):胯骨宽	(11):双臂平伸长	(12):上臂长	(13):前臂长	(14):手长	(15):正立时举手高	
坐姿	(16):正坐时眼高	(17):正坐时膝盖高	(18):正坐时大腿面高	(19):正坐时坐凳高	(20):正坐时肘高	(21):正坐时凳至肩高	(22):正坐时凳至头顶高	(23):正坐时举手高
	(24):正坐时前伸手臂长	(25):胸厚	(26):脚面长	(27):膝弯至臀部水平长	(28):脚长			

说明：本次调研的对象以北方地区的老人为主，其中含有部分南方人；
共实际测量100位老年人，其中男性的平均年龄为78.9岁，女性的平均年龄为79.6岁，
实际测量尺寸包括鞋高与发高，其中平均鞋高为25mm。

摘自《国家建筑标准设计图集：老年人居住建筑》（04J 923—1）

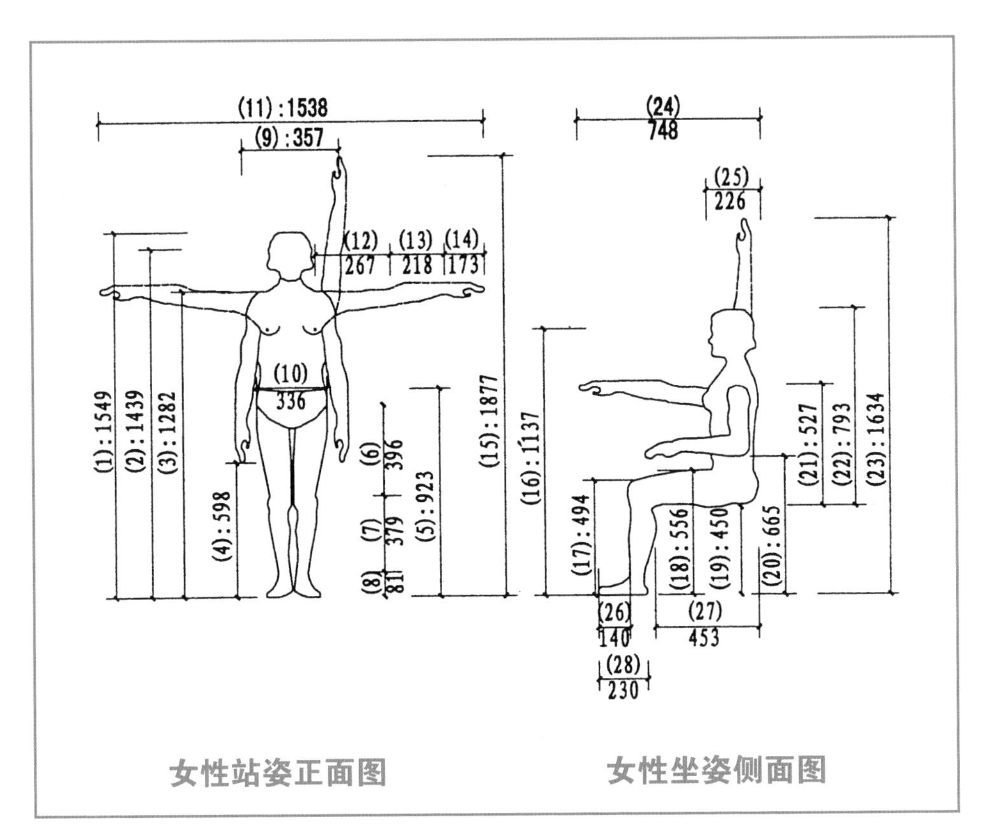

女性站姿正面图　　女性坐姿侧面图

站姿	(1):身高	(2):正立时眼高	(3):肩峰点高	(4):臂下垂中指尖距地高	(5):胯骨高	(6):大腿长	(7):小腿长	(8):脚踝高
	(9):肩宽	(10):胯骨宽	(11):双臂平伸长	(12):上臂长	(13):前臂长	(14):手长	(15):正立时举手高	
坐姿	(16):正坐时眼高	(17):正坐时膝盖高	(18):正坐时大腿面高	(19):正坐时坐凳高	(20):正坐时肘高	(21):正坐时凳至肩高	(22):正坐时凳至头顶高	(23):正坐时举手高
	(24):正坐时前伸手臂长	(25):胸厚	(26):脚面长	(27):膝弯至臀部水平长	(28):脚长			

说明：本次调研的对象以北方地区的老人为主，其中含有部分南方人；
共实际测量100位老年人，其中男性的平均年龄为78.9岁，女性的平均年龄为79.6岁，
实际测量尺寸包括鞋高与发高，其中平均鞋高为25mm。

摘自《国家建筑标准设计图集：老年人居住建筑》（04J 923—1）

参考文献

［1］冯喜良，周明明. 北京养老产业蓝皮书：北京居家养老发展报告(2016)［R］. 北京：社会科学文献出版社，2016.

［2］江水平. “互联网+”实践：装修行业如何升级自己的商业模式［M］. 北京：清华大学出版社，2016.

［3］张航空. 首都人口老龄化与养老问题研究［M］. 北京：中国劳动社会保障出版社， 2016.

［4］理想·宅. 监工验收全能王［M］. 北京：中国电力出版社，2006.

［5］程瑞香. 室内与家具设计人体工程学［M］. 2版. 北京：化学工业出版社,2015.

［6］林明鲜，刘永策. 城市居家与机构养老老年人生存现状比较研究［M］. 济南：山东人民出版社，2015.

［7］张永刚,谢后贤,于大鹏. 国家智能化养老基地建设导则［M］. 北京：中国建筑工业出版社，2015.

［8］朱勇. 智能养老蓝皮书：中国智能养老产业发展报告（2015）［R］. 北京：社会科学文献出版社，2015.

［9］包国俊,马晖. 一本书读懂二手房装修［M］. 南京：

江苏科学技术出版社，2015.

［10］周明明，冯喜良. 北京养老产业蓝皮书：北京养老产业发展报告（2015）［R］. 北京：社会科学文献出版社，2015.

［11］吴玉韶，王莉莉,等. 中国养老机构发展研究报告［R］. 北京：华龄出版社，2015.

［12］尤元文. 老龄问题与养老工作资料选编第三辑［M］. 北京：中国经济出版社，2015.

［13］理想·宅. 全解家装图鉴系列：一看就懂的装修施工书［M］. 北京：中国电力出版社，2015.

［14］理想·宅. 全解家装图鉴系列：一看就懂的装修材料书［M］. 北京：中国电力出版社，2015.

［15］(日)高龄者住环境研究所，(日)无障碍设计研究协会. 住宅无障碍改造设计［M］. 王小荣，袁逸倩，等译. 北京：中国建筑工业出版社，2015.

［16］（美）吉姆摩尔（Jim　Moore）. 21世纪养老地产投资与运营经典系列：进军养老地产①［M］. 汪勇，高峻松，等译. 北京：中信出版社，2015.

［17］吴玉韶，党俊武. 老龄蓝皮书：中国老龄产业发展报告（2014）［R］. 北京：社会科学文献出版社，2014.

［18］张琪，张栋，等. 北京市“9064”养老格局的适应性研究［M］. 北京：中国劳动社会保障出版社，2014.

［19］龙谦，唐衡，等. 北京养老法律法规汇编［M］. 北京：知识产权出版社，2014.

[20] 陈喆,胡惠琴. 老龄化社会建筑设计规划：社会养老与社区养老 [M]. 北京：机械工业出版社，2014.

[21] 朱勇. 智能养老 [M]. 北京：社会科学文献出版社，2014.

[22] 张德良. 设计师教你这样装修：不抱怨·没争吵·更耐用 [M]. 北京：北京联合出版公司，2014.

[23] 铃木信弘. 住宅格局解剖图鉴 [M]. 郑敏译. 海南：南海出版公司，2014.

[24] 住房和城乡建设部标准定额司. 家庭无障碍建设指南 [M]. 北京：中国建筑工业出版社,2013.

[25] 住房和城乡建设部标准定额司. 家庭无障碍建设指南 [M]. 北京：中国建筑工业出版社，2013.

[26] 刘二子. 家庭装修必须亲自监工的99个细节（升级版）[M]. 北京：机械工业出版社，2013.

[27] 住房和城乡建设部住宅产业化促进中心. 养老住区智能化系统建设要点与技术导则 [M]. 北京：中国建筑工业出版社，2012.

[28] 周燕珉. 老人·家：老年住宅改造设计集锦 [M]. 北京：中国建筑工业出版社，2012.

[29] 漂亮家居编辑部. 老房子装修改造宝典 [M]. 北京：中国纺织出版社，2011.

[30]（日）财团法人，高龄者住宅财团. 老年住宅设计手册 [M]. 博洛尼精装研究院，中国建筑标准设计研究院，等译. 刘东卫，闫英俊校. 北京：中国建筑工业出版社，2011.

[31] 赵晓征. 养老设施及老年居住建筑：国内外老年居住建筑导论[M]. 北京：中国建筑工业出版社，2010.

[32] 住房和城乡建设部住宅产业化促进中心，博洛尼精装研究院. 保障性住房套型精设计及全装修指南[M]. 北京：中国建筑工业出版社，2010.

[33] 民政部，全国老龄办养老服务体系建设领导小组办公室. 国外及港澳台地区养老服务情况汇编[M]. 北京：中国社会出版社，2010.

[34] 周燕珉. 中小套型住宅设计[M]. 北京：中国建筑工业出版社，2008.

[35] 周燕珉. 住宅精细化设计[M]. 北京：中国建筑工业出版社，2008.

[36] 孙家驥. 单元式住宅户型图集[M]. 北京：中国建材工业出版社，2007.

[37]（美）朱克曼（Zukerman R.）. 与老人共处[M]. 陈国华译. 北京：机械工业出版社，2006.

感　　谢：

赵晓征　女士

陈　挺　先生

特别感谢：

世界卫生组织国际分类家族中国合作中心

中国残疾人康复协会残疾分类研究专业委员会

北京健康促进会

北京市海淀区残疾人联合会

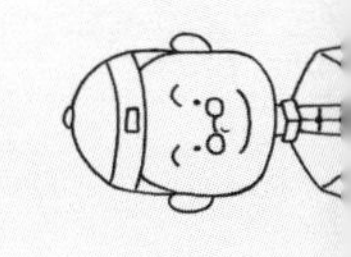